"十四五"国家重点出版物出版规划项目

青少年科学素养提升出版工程

U0321663

中国青少年科学教育丛书

总主编　郭传杰　周德进

行星地球

张昊 编著

浙江教育出版社·杭州

图书在版编目（ＣＩＰ）数据

行星地球 / 张昊编著. -- 杭州 ： 浙江教育出版社，
2022.10（2024.5 重印）
（中国青少年科学教育丛书）
ISBN 978-7-5722-3196-4

Ⅰ．①行… Ⅱ．①张… Ⅲ．①地球－青少年读物
Ⅳ．①P183-49

中国版本图书馆CIP数据核字(2022)第036776号

中国青少年科学教育丛书

行星地球

ZHONGGUO QINGSHAONIAN KEXUE JIAOYU CONGSHU
XINGXING DIQIU

张昊　编著

策　　划	周　俊	责任校对	何　奕
责任编辑	高露露　赵晨辰	责任印务	曹雨辰
美术编辑	韩　波	封面设计	刘亦璇

出版发行　浙江教育出版社（杭州市环城北路177号 电话：0571-88909724）
图文制作　杭州兴邦电子印务有限公司
印　　刷　杭州富春印务有限公司
开　　本　710mm×1000mm　　1/16
印　　张　16
字　　数　320 000
版　　次　2022年10月第1版
印　　次　2024年5月第3次印刷
标准书号　ISBN 978-7-5722-3196-4
定　　价　48.00元

总序

高度重视科学教育，已成为当今社会发展的一大时代特征。对于把建成世界科技强国确定为 21 世纪中叶伟大目标的我国来说，大力加强科学教育，更是必然选择。

科学教育本身即是时代的产物。早在 19 世纪中叶，自然科学较完整的学科体系刚刚建立，科学刚刚度过摇篮时期，英国著名博物学家、教育家赫胥黎就写过一本著作《科学与教育》。与其同时代的哲学家斯宾塞也论述过科学教育的重要价值，他认为科学学习过程能够促进孩子的个人认知水平发展，提升其记忆力、理解力和综合分析能力。

严格来说，科学教育如何定义，并无统一说法。我认为科学教育的本质并不等同于社会上常说的学科教育、科技教育、科普教育，不等同于科学与教育，也不是以培养科学家为目的的教育。究其内涵，科学教育一般包括四个递进的层面：科学的技能、知识、方法论及价值观。但是，这四个层面并非同等重要，方法论是科学教育的核心要素，科学的价值观是科学教育期望达到的最高层面，而知识和技能在科学教育中主要起到传播载体的功用，并非主要目的。科学教育的主要目的是提高未来公民的科学素养，而不仅仅是让他们成为某种技能人才或科学家。这类似于基础教育阶段的语文、体育课程，其目的是提升孩子的人文素养、体能素养，而不是期望学生未来都成为作家、专业运动员。对科学教育特质的认知和理解，在很大程度上决定着科学教育的方法和质量。

科学教育是国家未来科技竞争力的根基。当今时代，经历了五次科技革命之后，科学技术对人类的影响无处不在、空前深刻，科学的发展对教育的影响也越来越大。以色列历史学家赫拉利在《人类简史》里写道：在人类的历史上，我们从来没有经历过今天这样的窘境——我们不清楚如今应该教给孩子什么知识，能帮助他们在二三十年后应对那时候的生活和工作。我们唯一可以做的事情，就是教会他们如何学习，如何创造新的知识。

在科学教育方面，美国在 20 世纪 50 年代就开始了布局。世纪之交以来，为应对科技革命的重大挑战，西方国家纷纷出台国家长期规划，采取自上而下的政策措施直接干预科学教育，推动科学教育改革。德国、英国、西班牙等近 20 个西方国家，分别制定了促进本国科学教育发展的战略和计划，其中英国通过《1988 年教育改革法》，明确将科学、数学、英语并列为三大核心学科。

处在伟大复兴关键时期的中华民族，恰逢世界处于百年未有之大变局，全球化发展的大势正在遭受严重的干扰和破坏。我们必须用自己的原创，去实现从跟跑到并跑、领跑的历史性转变。要原创就得有敢于并善于原创的人才，当下我们在这方面与西方国家仍然有一段差距。有数据显示，我国高中生对所有科学科目的感兴趣程度都低于小学生和初中生，其中较小学生下降了 9.1%；在具体的科目上，尤以物理学科为甚，下降达 18.7%。2015 年，国际学生评估项目（PISA）测试数据显示，我国 15 岁学生期望从事理工科相关职业的比例为 16.8%，排全球第 68 位，科研意愿显著低于经济合作与发展组织（OECD）国家平均水平的 24.5%，更低于美国的 38.0%。若未来没有大批科技创新型人才，何谈到本世纪中叶建成世界科技强国！

从这个角度讲，加强青少年科学教育，就是对未来的最好投资。小学是科学兴趣、好奇心最浓厚的阶段，中学是高阶思维培养的黄金时期。中小学是学生个体创新素质养成的决定性阶段。要想 30 年后我国科技创新的大树枝繁叶茂，就必须扎扎实实地培育好当下的创新幼苗，做好基础教育阶段的科学教育工作。

发展科学教育，教育主管部门和学校应当负有责任，但不是全责。科学教育是有跨界特征的新事业，只靠教育家或科学家都做不好这件事。要把科学教育真正做起来并做好，必须依靠全社会的参与和体系化的布局，从战略规划、教育政策、资源配置、评价规范，到师资队伍、课程教材、基地建设等，形成完整的教育链，像打造共享经济那样，动员社会相关力量参与科学教育，跨界支援、协同合作。

正是秉持上述理念和态度，浙江教育出版社联手中国科学院科学传播局，组织国内科学家、科普作家以及重点中学的优秀教师团队，共同实施"青少年科学素养提升出版工程"。由科学家负责把握作品的科学性，中学教师负责把握作品同教学的相关性。作者团队在完成每部作品初稿后，均先在试点学校交由学生试读，再根据学生反馈，进一步修改、完善相关内容。

"青少年科学素养提升出版工程"以中小学生为读者对象，内容难度适中，拓展适度，满足学校课堂教学和学生课外阅读的双重需求，是介于中小学学科教材与科普读物之间的原创性科学教育读物。本出版工程基于大科学观编写，涵盖物理、化学、生物、地理、天文、数学、工程技术、科学史等领域，将科学方法、科学思想和科学精神融会于基础科学知识之中，旨在为青少年打开科学之窗，帮助青少年开阔知识视野，洞察科学内核，提升科学素养。

"青少年科学素养提升出版工程"由"中国青少年科学教育丛书"和"中国青少年科学探索丛书"构成。前者以小学生及初中生为主要读者群，兼及高中生，与教材的相关性比较高；后者以高中生为主要读者群，兼及初中生，内容强调探索性，更注重对学生科学探索精神的培养。

"青少年科学素养提升出版工程"的设计，可谓理念甚佳、用心良苦。但是，由于本出版工程具有一定的探索性质，且涉及跨界作者众多，因此实际质量与效果如何，还得由读者评判。衷心期待广大读者不吝指正，以期日臻完善。是为序。

2022 年 3 月

目录

第 1 章

地球今生

　　"在激励人类的心灵的各种文化和技艺研究中，我认为首先应当怀着强烈感情和极大热忱去研究的，是那些最美好、最值得认识的事物。这门学科探究的是宇宙神圣的旋转，星体的运动、大小、距离、出没以及天上其他现象的原因，简而言之就是解释宇宙的整个现象。"

——哥白尼，《天球运行论》

"渺小"的地球

地球和它的兄弟

18 世纪德国伟大的哲学家康德曾经说过:"有两种事物,我们越是沉思,越是感到它们的崇高与神圣,越能增加虔诚与信仰,这就是头上的星空和心中的道德。"这里的星空,就是指我们所身处的宇宙。从古到今,纵贯东西,人类从未停止过对神秘宇宙的探索。东汉张衡数星星的故事影响了很多人,我们也曾仰望着浩瀚无垠的星空思索过:"我们是谁?我们从哪里来?我们将要到哪里去?"这三个问题看起来很简单,却拥有非常深刻的内涵,可以说古往今来的哲学家和科学家们所探究和解决的问题,最终都可以归结为这三个问题。

千里之行,始于足下。对茫茫宇宙的了解和探索,不妨从我们生活的地球以及我们周围的"邻居"开始说起。我们生活的地球,是太阳系中的一颗普通却不平凡的行星。什么是行星?除了地球,还有哪些行星?其他行星上也会有生命存在吗?这就要从我们现阶段对宇宙的认识谈起。

根据大爆炸宇宙学的研究结论,我们的宇宙起源于约 138 亿年前的一次大爆炸,经过漫长的演化,才有了我们今天的可观测宇宙。

链接

　　138亿年是个什么概念呢？根据天文观测和理论推算，太阳系的历史大约是46亿年；世界上最古老的文明之一的中华文明，约有5000年的历史；而我们每个现代人的寿命，平均也只有大约七八十年。《庄子》在开篇论证"小大之辩"的时候，有一句话"朝菌不知晦朔，蟪蛄不知春秋"，与宇宙漫长的生命相比，我们人类的寿命可能还不如"朝菌"和"蟪蛄"吧！

　　宇宙不但经历了漫长的时间，而且对于人类来说几乎是无边无际的。在茫茫的宇宙中，地球处于一个什么位置？这要从天体的分类说起。天体是宇宙中各种星体和星际物质的总称。根据不同的物理性状，我们把天体分为：恒星、行星、卫星、彗星、流星、星云和星际物质等，这些都是自然天体。这些天体在引力作用下形成天体系统，相互吸引和旋转。

　　天体系统有着不同的层次。地球所在的太阳系，是由太阳和在引力作用下围绕其旋转（包括直接旋转和间接旋转）的天体构成的。太阳系是地球所处的恒星系统，因此，对太阳系的深入研究具有重要意义。太阳是太阳系唯一的恒星，其质量占太阳系总质量的99.86%。距离太阳最近的一个恒星是距离地球约4.25光年的一颗红矮星，位于半人马座的比邻星。直接围绕太阳旋转的天体包括水星、金星、地球、火星、木星、土星、天王星和海王星八大行星；曾经的第九大行星冥王星在 2006 年被降格为矮行星；八大行星和矮行星的轨道是椭圆轨道，太阳位于椭圆的其中一个焦点；此外还有小行星、彗星等也是直接围绕太阳运动，彗星的轨道有椭圆、双曲线和抛物线三种；间接围绕太阳旋转的包括各个行星的卫星，如地球的卫星月球；除了以上天体，还有流星体以及行星际物质等。

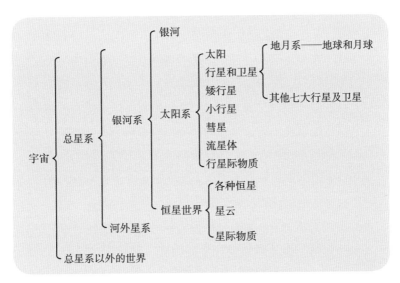

图 1-1　天体系统的层次和关系

在八大行星和冥王星中，地球上人们肉眼可见的只有水星、金星、火星、木星和土星五颗。对于近代发现的天王星、海王星和冥王星的中文译名是根据外文翻译过来的。围绕太阳公转的每一个行星都是独一无二的。

　　因为宇宙非常大，所以当涉及宇宙中长度的时候，很少使用米或者千米这种单位，通常使用的单位有光年或者天文单位（A.U.），其中光年是光一年所走的距离。我们知道在任何参考系下，真空中的光速是不变的（在不同介质中光速发生微小变化），约为 30 万千米 / 秒，1 光年约为 9.461 万亿千米。从太阳发出的光到达地球需要约 500 秒，即 8.3 分钟，从月球反射的光到达地球需要约 1.3 秒。而天文单位（A.U.）是指日地平均距离（作为单位 1），精确值为 149597870700 米，天文单位是度量天体之间距离的"尺子"，尤其是对于太阳系中的天体。此外，我们还要熟悉一些天文和地理中的常用术语，如：行星表面的点随着行星自转产生的轨迹中周长最长的圆周线叫赤道，赤道所在的平面叫赤道平面；行星公转轨道叫黄道，公转平面叫黄道平面；赤道平面和黄道平面的夹角叫做黄赤交角；偏心率是衡量椭圆的扁化程度的，偏心率越大表示椭圆越"扁"，正圆的偏心率为 0，太阳系中的行星轨道都是椭圆轨道。太阳系中的行星公转轨道几乎处在同一平面内。表 1－2 是各主要行星及矮行星冥王星的基本数据。

　　水星是距离太阳最近的行星。水星的公转轨道是比较扁的椭圆，偏心率为 0.206。水星上一个比较有趣的现象是，水星的自转周期约为 59 个地球日，公转周期是 88 个地球日，由于公转造成水星上自转中太阳视运动的周期延长，导致水星上的一昼夜的时

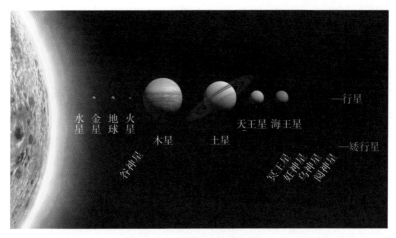

图 1-2 太阳系行星和矮行星

间变为 176 个地球日，即在水星上度过一昼夜，地球上的半年已经过去了，而地球上的一昼夜约为 24 小时。

金星是靠地球最近的行星。金星是全天空中最亮的星，它反射来自太阳的光，在日出之前的东方和日落之后的西方我们可以看到光彩夺目的金星。在中国古代，金星又被称为太白星、太白金星、启明星、长庚星。在《诗经·小雅·大东》一诗中，有"东有启明，西有长庚"诗句，这里的启明星和长庚星都是指金星。值得一提的是，金星的自转方向与地球相反，是自东向西的，因此，假如我们生活在金星上，就会看到"太阳打西边出来"的奇观。

地球是我们赖以生存的家园，我们对它既熟悉又陌生。地球上存在大量的液态水，且气温适中。大气层的存在，不仅为生物提供了呼吸的场所，还阻挡了相当一部分对人体有害的紫外线和流星体对地球的袭击，而地磁场和大气层屏蔽掉了大部分对生命有害的高能宇宙射线。因此，平凡的地球是一颗极不平凡的行星。

　　火星大概是我们最熟悉的一颗地外行星了。由于火星表面存在大量的赤铁矿，所以火星呈现美丽的红色，在中国古代，其被称为"荧惑"。火星周围也有大气层，不过其主要成分是二氧化碳，其次是氮和氩，还有少量氧气和水蒸气。火星上有四季更替，季节更替时会发生尘暴现象，红色的尘土漫天扬起。美国国家航空航天局（NASA）根据火星勘测轨道飞行器（MRO）发回的数据和图像分析，宣布火星上曾经有液态水活动。

　　木星是太阳系中最大的行星。木星的质量约为地球的 318 倍，体积约为地球的 1321 倍，太阳系中其他所有行星的质量加起来也不到木星质量的一半。但是木星的平均密度较小，约为 1.3 克 / 厘米^3，比水的密度（1 克 / 厘米^3）稍大，和太阳的平均密度（1.408 克 / 厘米^3）差不多。巨大的木星主要由氢和氦组成，大气中的氢以气态存在，大气之下以液态氢存在，压力更大的地方甚至有金属化的氢存在。木星表面有浓厚绚丽的大气层，大气层中巨大的漩涡状系统表现为大红斑。在中国古代，木星被称为岁星，因为古人发现木星运行一周天大概是 12 年，古人用此规律来纪年。

　　土星的结构和成分与木星相似，其质量和体积仅次于木星。土星的密度小于水的密度，为 0.687 克 / 厘米^3，如果把土星放在大水池中，水星会漂浮在水面。在中国古代，土星又被称为"填星"或"镇星"，因为古人发现土星运行一周天的时间约为 28 年（现代观测为 29.46 年），这样每年镇守二十八星宿中的一宿，因此得名。另外，土星最令人着迷的是它的色彩和美丽的大光环。土星由于大气层中氨晶体的存在而显现出柔和的淡黄色，300 多年前欧洲的天文学家就发现了土星周围美丽的光环。这个壮观的环系统直径达到 27.3 万千米，主要由小型岩石、冰粒以及尘埃组成。土星是太阳系中卫星最多的行星，目前发现的有 62 颗，其中官方命名的有 53 颗。

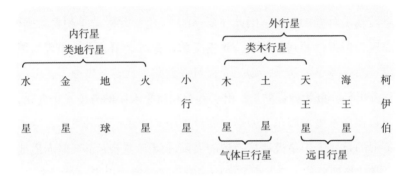

图 1-3　太阳系行星的分类

天王星的发现是在人类发明天文望远镜之后，天王星也是人类用天文望远镜发现的第一颗行星。事实上，晴朗的天空中人们用肉眼是可以看到天王星的，只不过由于天王星公转非常缓慢（公转周期约为 84 年），所以被误认为是恒星，因为恒星在天空中的位置是相对固定的。1781 年 3 月，英国天文学家弗里德里希·威廉·赫歇尔在用自己制作的天文望远镜进行巡天观测时，发现并将其命名为天王星。赫歇尔不仅是一名天文学家，还是一名古典音乐作曲家。赫歇尔的妹妹卡罗琳·卢克雷蒂娅·赫歇尔终身未嫁，长期担任哥哥的天文观测助手，即使在哥哥去世之后仍然执着于天文观测，并取得了十分亮眼的天文学发现。天王星同木星、土星一样，拥有含氢量丰富的大气，且大气中冰的比例更高，尤其是冰冻水和冰冻氨。天王星也有美丽的环带。值得注意的是，天王星的自转轴倾角是 98°，这意味着，天王星是"躺着旋转"的，即天王星的自转轴几乎处于其公转平面内。天王星的公转周期是 84 年，以北极的四季进行划分，每一季节约为 21 年。由于公转的原因，导致自转轴并不总是对着太阳。在夏季和冬季的时候，自转轴是对着太阳的，因此在夏季的 21 年中北极总是朝着太阳，表现为白天，而到了冬季，北极又总是背对太阳，因此表现为黑夜；而在春季和秋季，则是赤道对着太阳，自转又带来了正常的昼夜更替，更为神奇的是，由于春季和秋季太阳的方位发生变化，导致在春季里太阳东升西落，在秋季中又变成了西升东落。令人不解的是，天王星极地接受到的太阳的照射多于赤道，但赤道地区却比极地要热，这其中的原因还有待科学家去探索。

表1-1　天王星季节年表

北半球	冬至	春分	夏至	秋分
年	1902年，1986年	1923年，2007年	1944年，2028年	1965年，2049年
南半球	夏至	秋分	冬至	春分

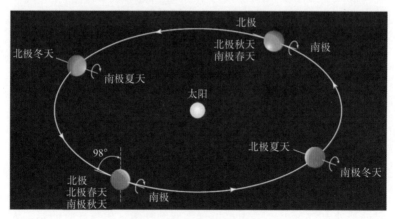

图1-4　天王星季节变换图

　　海王星是第八大行星，是太阳系中距离太阳最远的行星。海王星是人们肉眼无法观测到的，是太阳系内唯一一颗通过应用牛顿万有引力定律，经数学计算预测到而非经验观察看到的行星。1821 年，法国天文学家布瓦尔出版了他的《天王星星表》，但里面关于天王星的轨道数据的计算和实际的观测值有出入，布瓦尔因此推断天王星可能是受到一颗尚未发现的行星的引力摄动而引起的轨道变化。1843 年，英国数学家和天文学家约翰·柯西·亚当斯开始关注天王星的轨道反常问题，并先后 6 次向剑桥大学天文台和格林尼治天文台提交计算结果，但并未引起重视。1845—1846 年，法国数学家和天文学家奥本·尚·约瑟夫·勒维耶也对天王星的轨道反常进行了独立的计算。1846 年 9 月 23 日的晚上，柏林天文台的天文学家约翰·格弗里恩·伽勒根据建议找到了未知行星——海王星，观测到的位置与勒维耶的计算结果只相差 1°，与亚当斯的结果相差 12°。海王星的大气和其他气体巨行星类似，也包含丰富的氢和氦，不同的是它还富含甲烷。NASA 在 1977 年发射的空间探测器旅行者 2 号，在 1989 年飞越海王星的时候，在南半球拍摄到了类似于木星大红斑的大黑斑。

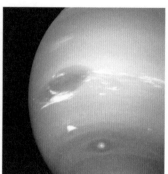

图 1-5　左：木星大红斑；右：海王星黑斑

　　冥王星是位于柯伊柏带中的一颗矮行星，也是柯伊柏带中第一个被发现的天体。柯伊柏带是海王星之外的直接围绕太阳运动的众多小天体组成的环状带，类似于木星和火星之间的小行星带。柯伊柏带的范围从距离太阳 30 A.U.（海王星到太阳距离）到距离太阳 50 A.U. 的范围内。目前，国际公认的矮行星有五个：谷神星、冥王星、妊神星、鸟神星和阋神星，其中，谷神星位于小行星带，而其他四颗均位于柯伊柏带中。冥王星是由美国科学家克莱尔·威廉·汤博于 1930 年发现的。冥王星的发现还有一段小波折。天王星轨道反常问题的解决导致了海王星的发现，人们受到亚当斯和勒维耶工作的极大鼓舞，开始计算海王星的轨道是否也具有反常"行为"。美国波士顿的两位天文学家威廉·亨利·皮克林和帕西瓦尔·劳伦斯·罗威尔计算了"行星 X"的位置，并提请天文台寻找，然而并没有找到。直到 1930 年 2 月 18 号，罗威尔天文台的年轻天文学家汤博才找到这颗"行星 X"。现代计算和观测表明，其实海王星的轨道并未受到冥王星的引力摄动，只是当时的计算和观测出现了问题。冥王星被发现之后，即被认为是太阳系第九大行星，以至于太阳系九大行星的说法非常流行。直到1992年之后，随着柯伊柏带中一些具有类似大小的天体被相继发现，冥王星的行星地位才受到了挑战。我们知道，冥王星的质量仅为地球的0.00218倍，体积为地球的0.000651倍，是非常小的。2005年，柯伊柏带中发现了质量超过冥王星约27%的阋神星，其质量约为0.0028个地球质量，但是阋神星的体积略小于冥王星。这一发现使得国际天文学联合会IAU（International Astronomical Union）不得不重新考虑行星的定义，并最终在2006年的会员大会上确定了新的定义，并将冥王星降格为矮行星，此后，太阳系变为八大行星。

地球的形状

对于现代人来讲，地球是一个围绕着太阳公转并且不停自转的球体，这已经成为常识，"地球"这一名词，就包含了我们对地球的成分和形状的认识。但是，这一常识是经过前人的不断思考和探索才得到的结论，正如牛顿所说的"我之所以比别人看得远，是因为我站在巨人的肩膀上"。人类对自然的认识是不断进步的，并且受限于当时的科学技术的水平。

中国是世界上古老文明的发祥地之一，在天文观测、天文仪器制作和宇宙认识方面有着杰出的成就。春秋战国诸子百家之一的尸佼在其著作《尸子》中提出"四方上下曰宇，往古来今曰宙"，这表明中国人很早就意识到宇宙是空间和时间的统一体。对于宇宙和地球的认识，中国古代流行的系统学说主要有三种：盖天说、浑天说和宣夜说。盖天说认为"天圆如张盖，地方如棋局"，意思是说我们所在的大地是一个方形，而天空如一个圆盖笼罩大地，而在天空的边界和大地的边界之间就是海洋，因此会有"四海"之说，即东海、南海、西海和北海，而海的尽头就是海天相接的地方，陆地的尽头就是海洋的开始。我们可以看出这一学说的某些合理性，它也是根据人们对自然的直接观察而提炼加工得到的，是早期人类对地球形状的认识。中国古代建筑和艺术设计里包含了很多"天圆地方"的元素，最典型的就是铜钱的设计，铜钱外圆而内方，囊括天下。浑天说和宣夜说注重的是日月星辰的运动和宇宙的运行，很少涉及地球的形状，即使在涉及地球形状的部分，也描述得很模糊。中国古代在天文学上的成就已经得到世界范围内的认同，但是未能将观测结果进一步提炼为科学。

希腊是欧洲的文明古国，古希腊文明被认为是欧洲文明的发源地。早期人类对地球的认识受制于其所处的地理条件，与古代中国的大陆文明不同，古希腊是典型的海洋文明，因此，古希腊人在很早就观察到海上的船只总是先看到桅杆再看到船身，从而对地球的形状进行了直觉上的推测，认为地球可能是球体。一般认为，古希腊天文学分为四大学派：爱奥尼亚学派、毕达哥拉斯学派、柏拉图学派和亚历山大学派。毕达哥拉斯学派的创始人是古希腊著名几何学家毕达哥拉斯。这一学派从美学的观点出发，认为地球应该是球形的，因为球形是最完美的形体。我们可以看出，这一观点有鲜明的几何学派的特色。柏拉图的学生亚里士多德不仅是著名的哲学家，对物理学也有深入的研究，他的著作《物理学》是一门以自然界为特定研究对象的哲学。亚里士多德根据月食时月球上的地影是一个圆，从而判断地球是一个球体。古希腊数学家埃拉托色尼根据正午太阳对地上物体的投影而测算地球的半径，测算值和现代科学测量值的差别仅在 4% 左右，这一工作非常了不起。中世纪英国著名的哲学家、科学家和教育改革家罗杰·培根精通数学、光学、天文学以及地理学等，并亲自进行了很多观察和实验，他认为地球是一个比月亮大但又比太阳小的球状天体。不过，英国另外一个培根更为出名，他就是文艺复兴时期英国著名的哲学家、思想家和散文家弗朗西斯·培根，他是著名的唯物主义哲学家，创立了近代归纳法，"知识就是力量"就出自于弗朗西斯·培根之口。

随着西方资本主义的发展，从海上寻找一条到达东方的航道进行贸易，成为了非常迫切的问题。意大利佛罗伦萨的天文学家和数学家托斯卡内利在地球是球体的结论基础上，测算了从欧洲出发向西可到达亚洲的航线，并绘制了航海图。1492 年 8 月，意大利人哥伦布率众出发向西航行，2 个月后他们到达了美洲，却错误地认为其是亚洲。1519 年 9 月 20 日，麦哲伦船队从西班牙的桑卢卡尔港出发，历经一年，通过南美最南端一条海峡（后命名为麦哲伦海峡）进入太平洋，并到达菲律宾，此时地球是球状的结论基本被证实，但麦哲伦在与当地人的纠纷中丧命，没能等到人类首次环球航行的结束，他的伙伴胡安·塞巴斯蒂安·埃尔卡诺领导残部于 1522 年 9 月 6 日返回始航地，用三年时间完成了人类首次环球航行，并以无可辩驳的事实证明了地球是球状的。值得注意的是，中文"地球"一词是从外文翻译过来的。古代中国并没有"地球"这一说法，而是直接叫"地"。明朝末年，西方传教士利玛窦、汤若望等人进入中国，带来了西方的数学、地理、天文方面的著作和知识，才出现翻译名称"地球"。

从上面的历史可以看到，从人类开始认识地球到确定地球是球体，经历了两千多年的时间。16世纪之后，地球是球体成为共识，人类对地球的认识进程大大加快了。与此同时，统治了人类认知两千年的地心说被推翻，日心说确立。

17世纪，英国著名物理学家牛顿发现了万有引力定律，并把天上地下的运动都纳入到牛顿力学体系中。牛顿还研究了地球自转对于地球形态的影响，从理论上推测地球是一个"两极地略扁，赤道处略鼓"的椭球体，而不是一个标准的圆球体。1672年，法国人让·里希尔根据单摆钟在法国巴黎和南美洲法属圭亚那的卡宴的时间误差，从实验上证明了地球不是正球体，而是赤道附近隆起的扁球体。

现代科学理论和观测对地球形状的认识，已经非常精确：地球是一个不规则的扁球体（椭球体），北极地区比标准参照椭球体高出约19米，而南极地区比标准参照椭球体凹进去约24～30米，由于北极凸出、南极凹入，导致地面各部分曲率与标准椭球体相比发生了非常微小的变化，使得地球像一个"鸭梨"，确切地说，地球是一个三轴椭球体。对于一个长半径即赤道半径为6378.140千米、短半径即极半径为6356.755千米的椭球体来讲，无论是忽略南北极的不规则近似为标准椭球体，还是忽略长半径和短半径差别近似为正球体，都不会产生很大的误差。

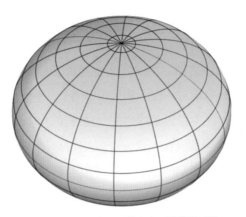

图 1-6　与地球实际形状高度一致的椭球体

地心说到日心说

　　直到 16 世纪麦哲伦及他的同伴埃尔·卡诺完成人类历史上首次环球航行，人们才彻底认识到地球是球体这一事实，而关于地球和日月星辰的运动的认知，几乎伴随着地球形状的认识而发展，因为涉及天体运动，必然关系到天体的形状。关于天体运动，最著名的学说莫过于地心说和日心说，日心说取代地心说的过程也是异常艰难，在这一过程中，闪耀着一些光辉名字——哥白尼、布鲁诺、伽利略等。虽然现在看来，日心说被新的宇宙学说所取代，但日心说在太阳系范围内仍然是比较准确的，日心说取代地心说是科学史上的伟大变革。无论是地心说还是日心说，直至现在的天文学和宇宙学，这些理论都是基于观测结果抽象而来的，它们既有先进性，也有时代局限性。

　　地心说顾名思义就是日月星辰以地球为中心做绕转运动，这与我们的日常经验是相符合的，看到"日出于扶桑，入于若木"，我们自然会想到太阳绕着地球转。地心说也不是西方独有的，早在西方地心说提出之前，中国古人也提出了如出一辙的浑天说。和之前介绍过的盖天说一样，浑天说是古代中国人对宇宙的另外一种认识。浑天说主张天是球形的，地球位于球心。浑天说大约始于战国时期，到了汉代，这一学说则得到深入而细致的研究。汉武帝时期（公元前 2 世纪），太史待诏落下闳曾根据浑天说制作了一个浑仪，用于天文观测和制定历法。

现在我们看看古代西方的地心说是怎样的。前面我们提到过，古希腊天文学分为四大学派。这些学派的观点的侧重也不太一样，比如毕达哥拉斯学派侧重于描述地球的形状为球形；而柏拉图学派则侧重于描述天体的运动，把宇宙看成是以地球为中心的一个一个同心球壳，这些球壳由内向外依次镶嵌着月球、太阳、五大行星和恒星等。这里我们主要介绍亚历山大学派的代表人物托勒密，因为地心说是在托勒密手上全面建立起来的，并且统治西方达 1500 年之久。亚历山大城是在马其顿国王亚历山大大帝征服埃及后建立的以自己的名字命名的城市，在那里聚集了一批出色的学者研究天文和宇宙，史称亚历山大学派。托勒密是亚历山大城出色的数学家、天文学家、地理学家和光学家，他编纂了长达 13 卷的《天文学大成》（*Almagest*，也译作《至大论》），这部著作是当时最权威的数学和天文学巨著，全面论述了地心说体系，主要观点包括：第一，日、月、行星绕地球做圆周运动，但地球静止不动位于偏离圆心的一点，偏心圆被称为均轮；第二，五大行星围绕本轮圆运动的同时，中心做均轮圆运动；第三，最外一层为恒

链接

浑 仪

　　东汉著名天文学家张衡在其著作《浑天仪图注》中对浑天说进行了全面的表述："浑天如鸡子，天体圆如弹丸，地如鸡子中黄，孤居于内，天大而地小。天表里有水，天之包地犹壳之裹黄。天地各乘气而立，载水而浮。周天三百六十五度又四分之一，又中分之，则半一百八十二度八分之五覆地上，半绕地下，顾二十八宿半见半隐。其两端谓之南北极。北极乃天之中也，在正北，出地上三十六度，然则北极上规七十二度，常见不隐。南极乃地之中也，在正南，入地三十六度，南归七十二度常伏不见。两极相去一百八十二度强半。天转如车毂之运也，周旋无端，其形浑浑，故曰浑天也。"

图1-7　南京紫金山天文台古天文仪器浑仪

星天，所有恒星都位于恒星天上。托勒密的以地球为中心的宇宙体系能够很好地解释当时的天文观测结果，也符合当时宗教所推崇的宇宙体系，进而统治西方1500年。

日心说顾名思义就是宇宙以太阳为中心。15世纪后期，欧洲商业繁荣，生产力发展迅速，大航海时代开启，从而引发了自然科学革命和文艺复兴。随着天文学观测精度的提升，地心说体系已经无法再解释新的天文学数据，"完美的"体系开始出现裂缝。从1502年开始，哥白尼开始记录并撰写自己的天文学思考和研究结果，并最终完成6卷本的天文学巨著《天体运行论》（该书原文用拉丁文写作，书名为 De revolutionibus orbium coelestium，英文翻译定为 On the Revolutions of Heavenly Spheres，中文名称《天体运行论》流传最广，但最新研究认为无论从拉丁文还是英文名称以及全书的内容来看，都应该翻译为《天球运行论》，参见2016年商务印书馆出版的《天球运行论》）。

由于宗教势力的压制和出于自身的考量，《天体运行论》完成后，哥白尼直到晚年才同意出版，他拿到第一本印刷好的《天体运行论》后不久就与世长辞。《天体运行论》第一卷开篇立论，否定地心说和地静说，指出太阳是宇宙的中心，静止不动，行星和恒星都围绕太阳运动。其后5卷分别从球面天文学解释天体的视运动，包括太阳、月球等，讨论了日食、月食等，阐述了行星的运动理论，全面彻底地驳斥了地心说。

图 1-8　左：1515 年拉丁文版《天文学大成》；右：1543 年拉丁文版《天体运行论》初版

　　日心说的发表具有重大意义，科学逐渐摆脱了宗教的束缚，走上健康发展的道路。当然，现在看来，日心说在解释太阳系行星运动方面几近完美，但是描述其他恒星也围绕太阳运转就是谬误，而且坚持要确定一个静止不动的中心"太阳"也具有很大的局限性。现在，我们都知道太阳系只是银河系中一个普通的星系，而宇宙中约有数千亿个银河系。

　　日心说之后，开普勒的行星运动三定律和牛顿的万有引力定律随之而来，人类对宇宙的认识更加深刻，思想得到大解放，新的学说不断取代旧的学说，绝对真理成为过去时，唯一不变的是人类的好奇心、科学思维和科学精神。

地球为什么不叫水球

地球为什么不叫水球? 其实这个问题, 从我的角度来看是很简单的。因为人是诞生在陆地上的, 是陆生动物。如果人生活在海洋中, 或者人类从外星而来定居在地球, 能从太空看到地球是一个被蓝色海洋所包裹的美丽星球, 地球也许就不叫地球, 而叫水球。

地球是一个习惯称呼。那么, 随着人们对地球的认识更加深入, 知道地球表面海洋面积比陆地面积大得多, 是不是就应该改为水球或水星呢? 这需要我们对地球的结构和构成有进一步的了解。

图 1-9 "蓝色弹珠"(The Blue Marble), 拍摄于 1972 年阿波罗 17 号执行月球任务期间

我们将从地球的外部结构以及内部结构来介绍。地球的外部由岩石圈、水圈、大气圈和生物圈构成。不同圈层的参数如表 1-2 所示。

表1-2　地球的圈层结构

圈层	平均厚度（千米）	质量		体积（×10^{23}厘米^3）	平均密度（克/厘米^3）
		（×10^{21}克）	占地球百分比（％）		
大气圈	——	5	0.00009		
生物圈	——	——	——	——	——
水圈	3.8	1410	0.024	137	1.03
地壳	35	43000	0.7	1500	2.8
地幔	2865	4054000	67.8	89200	4.5
地核	3471	1876000	31.5	17500	10.7
全球	6371	5876000	100	108200	5.52

　　地球表层由岩石构成，包括岩浆岩、沉积岩和土壤层。岩石圈表面71％的面积被海洋覆盖，陆地上有河流、湖泊、冰川，地表以下有地下水，这些不同形态的水，构成了水圈。岩石圈和水圈之上是大气层，大气层厚度为1000千米以上，大气随着高度的增加而变稀薄，与星际空间没有明显界限。根据大气层高度不同而表现出的不同特点，我们将其分为对流层、平流层、中间层、热层和散逸层。岩石圈、水圈和大气圈的相互作用为地球上生物生存创造了极为有利的条件，地球也是目前为止人类发现的唯一有生物存在的天体。

　　地球的半径约为6370千米；世界最高峰是中国境内喜马拉雅山的主峰珠穆朗玛峰的顶峰，顶峰的岩面高度为8844.43米，雪盖高度为8848米；世界最深的天然海沟是西太平洋的马里亚纳海沟，深度为10994（±40）米；世界上最深的钻井深度都在12千米左右，不会超过 12.5 千米，约为地球半径的 1/500。通过前述数据的对比，我们可以发现，人类在地球的活动仅仅停留在地球的表层。但是，人类通过地震波、地磁波和火山喷发来研究地球内部的奥秘。目前人类把地球内部结构划分为地壳、地幔和地核，地核又分为内核和外核。地球内部不同深度，其化学成分、压力、温度、密度等都有很大差别，其中，地壳是一层坚硬的岩石外壳；地幔分为上地幔和下地幔，上地幔被认为是软流层，下地幔被认为是可塑性固态地幔；地核的外核是可流动液态，内核是固态，主要元素有铁、镍和硫。

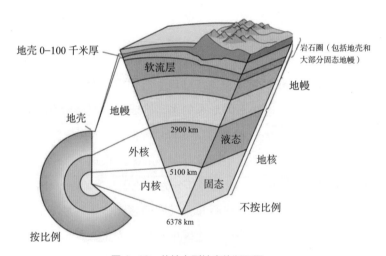

图 1-10　从地心到地表的断面图

我们知道大气的主要成分为氮气（78.1%，体积占比）、氧气（20.9%）、氩气（0.93%）、二氧化碳（0.04%），还有少量水蒸气、稀有气体、甲烷、氢气等其他气体。那对整个地球来讲，各化学元素的占比又是怎样的？前面说过，人类目前只能在地表活动，不可能把地球全部的物质分析一遍采集数据，所以，化学家如戈尔德施密特、克拉克等是通过采集地壳层的岩石样本进行分析的，我们得到地壳层元素的分布状况如表 1-3 所示。通过上面的描述，我们可以知道，虽然地球表面海洋面积比较大，但对于整个地球来讲，水的占比很小，因此，叫地球完全名副其实！

表1-3　元素在地壳中的分布状况（质量分数%）

元素	氧 (O)	硅 (Si)	铝 (Al)	铁 (Fe)	钙 (Ca)	钠 (Na)	镁 (Mg)	钾 (K)	氢 (H)	其他
质量	49.19	26	7.45	4.2	3.25	2.4	2.35	2.35	1	1.9

只有地球有生命吗

人们常常会做这样的思考：地球是不是宇宙中唯一诞生生命并进化出高等智慧生命的星球？为什么我们会生活在地球上？我认为答案应该是因为我们适应了地球。的确是这样，就太阳系内来讲，目前还没有发现除地球以外的行星有地球型生命存在的证据。地球上有适当的温度、合适的大气层、充足的水资源、相对稳定的气候，而且这些有利的条件已经存在了非常长的时间，这段时间长到生命可以产生、进化，并诞生智慧生命，并且让智慧生命建立文明。

我们有理由推断地外可能确实存在生命，其中一个原因就是生物学家在地球上的极端环境中发现了生命。比如，在墨西哥湾的海底，那里高压低温，甲烷气体在这里变成了可燃冰，而在这些可燃冰的周围，存在大量拇指大小的粉红色的没有眼睛的蠕虫。

图 1-11 墨西哥湾海底的粉红色蠕虫

如果这样极端的环境中都可以存在生命，那么，其他星球上的极端环境中是否也存在生命呢？

想象一下你到访了一个未知星球，你要如何确定周围各种奇怪的东西是否具有生命呢？这个问题是天体生物学的核心问题，而判断是否存在生命的最低标准就是，是否存在有机物。为什么是有机物或者说碳基分子？这是由于相比其他化学元素，碳元素有着最多功能的化学性质。硅元素有着和碳相似的性质，但多样性却远不如碳元素。元素及其化合物的性质，决定了它是否能成为生命基础。

地球的历史告诉我们，地球诞生初期并没有有机物，但是，地球上有无机物，无机物是怎么转变为有机物的？ 1952 年，美国化学家史丹利·米勒和哈罗德·尤里模拟早期地球环境，用一些无机物气体合成了一些生命体必需的有机物，这一实验被称为米勒—尤里实验，它是关于生命起源的经典实验。

米勒—尤里实验在一个密闭无菌的环境中进行，里面充满早期地球"大气"，是氢气、氨气、甲烷、一氧化碳和水蒸气的混合

气体，这些气体也是太阳系中最常见的气体。米勒和尤里将这些
气体暴露在高压电弧之下一周，高压电弧用来模拟地球上的闪电
现象。一周之后，约有10%～15%的碳转化为了有机物的形式，
这些有机物包括氨基酸、糖类、脂质等构成生命体的必需的小分
子有机物，这个实验强有力地证明了无机物在自然环境下可以合
成有机物小分子。除了有机物之外，水也是生命存在的基本条件
之一，而且必须是液态水。在米勒—尤里实验中，用到了水蒸气。
另外，科学家发现，生命所需的水不一定是纯净的温和的水，也
可以是很热、很冷、酸性的，但是，它必须是液态水。这样，有
机物分子和液态水就成为寻找地外生命的关键标志。

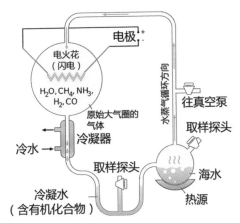

图 1-12　米勒—尤里实验，左上烧瓶模拟闪电环境，右下烧瓶模拟海洋环境

思考

?

1. 现在太阳系中有几大行星？冥王星为什么会从行星降格为矮行星？

2. 如何通过简单的观测或者实验证明地球是球体？

3. 一个星球上存在生命，必须具备哪些基本条件？

4. 麦哲伦船队环绕地球一周证明地球是球体，这个推断是否严谨？如果地球是甜甜圈一样的形状，是不是也可以达到这种效果？

天然卫星

月球的前世、今生和未来

它的光芒比群星夺目，又比太阳温柔；它的样子常常变化，阴晴圆缺，周而复始，拥有如此多迷人的特性。这就是月球——距离地球最近的天体，也是地球唯一的天然卫星。

最早，人们用肉眼观察并记录月相变化，月相对历法的制定大有裨益。古代数学家和天文学家们对月食、潮汐等现象展开研

图 1-13　月球

究并推导其规律。1609 年，伽利略首次用望远镜观测并描绘了月球上的环形山，人们第一次窥见了月亮的真实容颜。20 世纪人类终于迈出里程碑式的一步，苏联和美国相继执行探月活动，阿波罗计划更是成功完成人类登陆月球的壮举。时至今日，随着月球探测活动的持续展开，人类对月球的认识也在不断地更新。事实上，月球像一面镜子，它的前世、今生和未来，也折射出地球的过往、现状及前景。我们探索月球，是为了更好地感知自己。

万物皆有起源。那么月球是在何时以何种方式诞生的呢？目前，大多数研究结论表明月球诞生于约 45.27 亿年前，与地球的年龄（约 45.4 亿年）十分接近。但关于形成方式，目前还没有一个定论，科学家提出了几种假说：

1. 分裂说。这种假说认为月球本是地球的一部分，是一个被甩掉的"包袱",地球诞生初始时状态并不稳定,在某次其高速自转而产生的离心运动使其分裂出了一部分物质,而这些物质就是月球的最初形态。但这种假说存在很多问题,如对地球自转速度要求过高等。

2. 孪生说。这种假说与分裂说有相似之处,都认为地月本是一家。但在分裂说的观点中,地月之间更接近母子关系。而孪生说则认为两者更接近同胞兄弟。孪生说认为,宇宙大爆炸后产生无数大气和尘埃,它们在向四处扩散的过程中形成了很多尘埃团,太阳系也是其中之一。随着时间发展,太阳系尘埃团中的中心物质聚拢形成了太阳,而围绕中心物质旋转的边缘物质则逐渐聚拢,形成众行星及卫星,地球和月球就是在这种情况下产生的,因此算是本出同源。然而这种说法并不能解释地球与月球在铁元素含量方面的巨大差异,也无法解释地月系的轨道及角动量问题。

3. 捕获说。这种假说认为地球和月球本来没有任何亲缘关系,月球只是被地球引力捕获的一个外来天体。捕获说一方面可以比较好地解释月球与地球物质构成之间的一些差异,以及万有引力作用下的同步自转现象。但另一方面,这种假说也存在漏洞:首先为了成功"抓住"路过的月球,地球必须要有足够大的引力,并击败其他潜在的重量级竞争对手(如太阳、木星等);其次就算成功"抓住",月球仍存在"逃跑"的可能,因此地球需要在月球"逃跑"的必经之路上(也就是地球外周的大气层)增大摩擦系数,从而减缓月球的速度,让它"逃不掉"。这两点都对地球要求过高。

4. 大碰撞说。这种假说认为地球在形成初期,遭受了一颗名叫"忒伊亚"的外来行星的撞击,在激烈的碰撞作用下,大量碎片和能量被喷射到太空中,经由一系列化学反应和物理吸引,这些被喷射出的物质发生重整并聚合在环绕地球运行的轨道上,最终形成了月球。这种假说能够很好地解释大部分目前观测到的现象:如月球上缺少挥发性物质,是由于在这次大型撞击中散失掉了;月球能顺利地进入轨道并稳定运行,是撞击提供了合适的角度、足够的质量以及能量;月球与地球物质成分的异同并存,也是由于融合了两个星体物质交换的结果,等等。虽然这种假说也面临着一些争议,但相较其他假说,大碰撞说是相对合理且能自圆其说的一个,因而它成为当今最主流的一个假说。

图 1-14　地球和"忒伊亚"碰撞假想图

　　无论月球是如何来到地球身边的,它已经作为一个忠实的伙伴，与地球一起携手走过了几十亿年。在经历了伤痕累累、碰撞连连的童年，以及火山活动、岩浆奔腾的青春期之后，如今的月球正处在最温和稳定的壮年时代，而这一时期也将维持相当久。然而宇宙的演变并不会停下脚步。科学家研究发现，虽然非常缓慢，但月球仍在以 3.8 厘米 / 年的速度离地球远去。也许几十亿年之后，地球也会忘记它曾经拉起过谁的手。

这就是宇宙的魅力！没有绝对的静止，也没有不变的永恒。万物终有时，但破灭亦是重生。

月球的基本结构和状态

如同我们去认识一个人，聆听他的过往只是第一步，接下来我们会更想要了解他的性格和特点，认识月球也是同理。在介绍了月球的起源之后，这一节我们将主要从物理特性、地质情况以及化学成分三个方面，来认识一个更直观、更清晰的月球。

月球的一些物理特性　基本上我们可以把月球看作一个椭球体：它两级稍扁，赤道稍稍隆起，重心和几何中心有一定偏差。科学家目前认为这个椭球体主要包含三层结构，分别是主要成分为岩石及矿物的月壳、月幔以及主要成分为铁质的内核。月球本身不透明，也不会发光，我们看到的光亮，事实上是它反射的太阳光。

月球与地球的平均距离约为 384400 千米，其表面面积不到地球的十分之一，体积只有地球的五十分之一，质量只有地球的百分之一。月球上的重力加速度仅是地球的六分之一，因此假如人在月球表面行走，受到的引力也仅是在地球上受到的引力的六分之一，可以轻飘飘地漫步月球。

月球外表的大气层极为稀薄，几乎接近真空，即便存在液态水也极容易蒸发，因此月球表面是非常干燥的。同时，相对地球来说，因为缺少大气，月球上很难聚集热量，因此昼夜温差比较大，白天表面最高温度可达 123℃，而夜间最低温度能低至零下 233℃。由于月球的转轴倾角非常小的缘故，太阳对月球的照射角度几乎不会有太大变化，因此月球上也没有明显的季节特征，并不会如地球般四季分明。

图 1-15　地球与月球的对比

月球上的基本地质情况　月球并不是一个表面光滑的星球，它的表面布满了各种星体碰撞后留下的坑洞和火山活动后的痕迹。

月球上最具代表性的两种地形是环形山和月海。

环形山，又称陨石坑或撞击坑。顾名思义，就是外来天体撞在月球上打出的大坑。环形山在月球上分布极其广泛，数以万计，这从一个侧面反映出月球形成初期所遭受的碰撞次数相当可观。

月海，虽名为"海"，但实际上一滴水也没有。因为它们反射光的能力很差，通常看上去都显得非常暗，像是一个个黑色的寂静的海，故而得名。事实上，其本质是被火山灰和岩浆凝结所填充的巨大盆地。月海基本上都分布在月球正面（也就是朝向地球的一面）。

图1-16　左侧为月球正面，分布着大量月海；右侧为月球背面，以环形陨石坑为主要地形

除此之外，月球上其他常见地形还包括：月陆，月球上突出的高地，主要分布在月球背面；山脉，连绵的不对称山峰脉络和同心圆形状的山脊；月谷，月球上绵延数千米的大裂缝。

可以说，月球上复杂的地形地貌，就是一部生动的月球成长史图册。

月球岩石的一些化学成分　科学家通过研究月表岩石样本的成分发现，月球地质中富含各类元素，多以氧化物的形式存在，包括氧化铁（FeO）、氧化钙（CaO）、二氧化硅（SiO2）等。由此不难推论，氧（O）应是月球上含量最为丰富的元素。除此之外，铁（Fe）与硅（Si）也很常见，月球表面多处覆盖着一层玻璃状物质，其主要成分就被认为是钛铁矿与二氧化硅。其余含量较多的元素还包括镁（Mg）、钙（Ca）、铝（Al）等。在地球上随处可见的碳（C）与氮（N），在月球上却非常罕见。尤其是被认为是生命基础的碳元素的稀缺，似乎从一个方面说明了月球暂时并不具备生命存在和发展的条件。

因为缺少大气、环境极度干燥，人们一度认为月球上是不会有水的。的确，各类探月活动从未发现任何液态水存在的痕迹。然而随着勘探的深入，人们逐渐发现月球两极存在氢（H）元素；而氢与月表地质中最丰沛的氧在一定条件下发生化学反应，就可能产生水（H_2O）。而在稳定的低温环境下，水或许可以以固态冰的形式，贮存在环形山的永久阴暗处。近几年来的研究也逐渐在为月球水冰的存在提供更有力的证据。随着科技的进步，人类或许可以期待将月球发展为水资源补给的基地。

月球对地球和人类的影响

作为地球和人类在宇宙中最亲密的伙伴，月球无时无刻不在对我们产生影响。造成月球影响的因素包括运转方式、星体之间的引力作用以及与太阳和地球的相对距离变化等。而影响涉及的方面也十分广泛，上及宏观变化，下至微观调节。

　　潮汐　你如果去过海边的话，一定不会对海水的涨潮退潮感到陌生。这就是潮汐，即地球上的海洋水位规律性涨落的现象。古人造字极是讲究，"潮汐"两字都以水作偏旁，然而右边却是一"朝"一"夕"，时间和规律的变化都在里面了。而为什么会出现潮汐现象呢？这与星体间的万有引力息息相关。

　　万有引力，就是两个物体之间存在着的互相吸引的作用力，这种作用力的大小，与双方的质量成正比，但与两者之间的距离成反比。也就是说，假如两个物体的质量越大，距离越小，那么这种引力作用就会越大。而星体间也当然存在着这种引力关系，太阳、地球以及月球都不例外。

　　当地球受到月球万有引力作用的时候，它的水平方向会受到拉伸，因此正对月球和背对月球的两面会有向外凸起的倾向，而相应的垂直方向的部分则会向内凹进。你可以想象一个皮球，当我们把水平方向的部分往外拉时，球会变扁，也就是说垂直方向的会凹下去。当然地球作为一个坚固的岩石星球，绝不会像皮球那么容易变形，但地球上的液体本身就具有很强的流动性，因此在受到如此作用的时候，就会发生比较明显的形变，具体表现为水位的涨落，这就产生了潮汐现象。

　　潮汐的存在像一种摩擦，会使天体之间的相对速度减小，可以类比为刹车作用。对于月球来说，潮汐影响了它的自转速度，使得它的自转周期和绕地球的公转周期等长。这种现象被称为月球的潮汐锁定，也称同步自转。这也就是为什么月球几乎永远只用一面（约其表面积的 59%）对着地球。而地球在潮汐的摩擦下也在减慢着自转速度，虽然这种减速是极其微弱的，短时间内几乎看不出任何变化，然而日积月累，变化终会体现。一个直观的体现就是一天的时间会变长。在距今两亿多年前的恐龙时代，一天只有约 22～23 小时，而如今我们一天却有 24 小时，再过两亿年，现在的手表刻度想必就都不能用了。

潮汐对人类生活的影响也是显著的。首先，潮汐提供了能量资源：水位的涨落运动产生了重力势能和动能，在水量庞大的情况下这些潮汐能的累积会非常丰富。不仅如此，潮汐能清洁、无污染、可预测、可循环、可再生，是极其理想的发电资源，很多发电站就此建立在海湾处。其次，潮汐对水生态有着重要意义：很多浅海生物的繁殖和觅食都靠潮汐带动，潮汐形成的潮间带还是一些特定物种（如红树林）的生存空间，同时很多渔业采集也依赖于此。除此之外，潮汐还为人类提供了很多娱乐项目，如著名的钱塘江观潮，又如浮潜活动等。但凡事有两面，除去应用，潮汐也可能造成一定的危害，最直观的就是水灾，甚至还可能引发地震。因此对潮汐的观察、预测、记录是非常必要的。

日食和月食　你有没有经历过奇妙的日食或者月食现象呢？在某个时间段，平时明亮的日、月突然逐渐失去光辉、陷入黑暗，仿佛是被蚕食一般；但不久之后，又从黑暗中挣脱重现，仿佛又被"吐"了出来。这就是奇特的天文景观——日食以及月食。古人也有记载这类现象，但受当时知识局限，他们对此感到困惑，于是就创造了"天狗噬日"等神话故事来解释。

图 1-17 左：2017 年 8 月 21 日美国日全食贝利珠景观；右：钻石环景观

那么日食、月食的真正成因是什么呢？其实这是由日、地、月三者之间的相对运动与位置变化造成的。首先三个星体都在自转；其次地球和月球作为一个系统一起绕着太阳公转；最后在地、月之间，月球又绕着地球公转。随着如此的运转轨迹，三者的位置就可能出现以下情况：

1. 三个天体并没有出现在同一直线上，因此也不会有谁遮挡住谁的情况，太阳光能够顺利到达地球以及月球。这种情况占绝大多数，所以生活中我们非常难得能见到一次日食、月食活动。

2. 当三个天体运行到同一直线上，并且月球刚好处于太阳和地球之间时，对于地球上的某些地点来说，太阳光被月球遮挡，无法直射过来，那么在视觉上就会出现部分甚至整个太阳变暗消失的现象。如果当时视觉中的月球直径大于等于太阳直径，且刚好遮住全部，那么整个太阳都会不见，这称为日全食；假如只遮住了一部分，便是日偏食；还有一种情况，月球确实挡在整个太阳前面，然而其视觉直径却小于太阳视觉直径，那么我们会看到一个亮环，这是日环食。

3. 当三个天体运行到同一直线上，并且地球刚好处于太阳和月球之间时，月球被地球阻挡，无法接受并反射太阳光，这时地球上的人就无法看到月球，即发生月食。月全食和月偏食的视觉原理和上面讨论的日食部分非常相似。但月环食是不会发生的。这是由于月球的半径远小于地球，并且地球本身就处于三者中间位置的缘故。

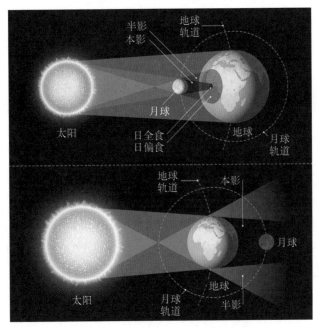

图 1-18　日食及月食的形成原理

日食和月食都是非常壮观的天文景象。它们不仅具有极高的观赏价值，也具有极重要的天文学研究价值。

其他影响　除了潮汐、日食、月食之外，月球对地球和人类的影响还包括其他很多方面。

月相的变化直接引导了中国农历的制定。历法的制定极大地促进了文明的发展。古人观测到月亮的周期性形状改变，并依此规划日期：每月农历初一至初七，是新月至蛾眉月期，月亮目测呈月牙形状；农历初八至十六，是上弦月至满月期，月亮看起来越来越丰满；之后半个月月亮又渐渐由满转残，历经下弦月至残月期，完成一个周期，接着又开始一个新的循环。

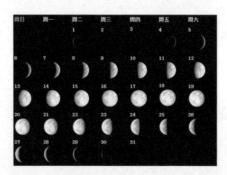

图 1-19　月相变化

月球引力使地球的轨道倾角保持稳定，维持在 22.1° ～ 24.5° 范围内。这样在地球绕太阳公转时，各个地理位置的光照和受热情况稳定，气候带分布长年不变，如南北极保持冰冻，赤道始终炎热。这样稳定、规律、可预测的天气情况，非常利于人类生存。

还有一些研究称，月球对生物钟有一定的影响，许多动物的节律性活动可能都与此存在关系。

月球对地球和人类的影响是如此巨大。如果没有月球，我们的生活或许会发生翻天覆地的改变。

链接

月球的同心圆山脊是怎么形成的？

通过观察月球地貌照片，人们发现月球上存在着一些同心圆形状的山脊和盆地，大圈套着小圈，一层层铺开。

图 1-20　月球上的同心圆形状山脊

这种有趣的地貌是如何形成的呢？目前主要有两种猜测：一种是认为在月球形成初期，外来物体撞到了月球表面，碰撞引发的高温熔化了周遭的岩石，岩浆流动开来再冷却，形成了同心圆；另一种猜想听上去似乎更大胆也更合理些——认为月球诞生初期，其表面根本就是被液态的岩浆海覆盖的，外来物撞了上来，犹如石头击落在水面，打出了一圈圈的涟漪，当涟漪冷却后，就变成了今天的同心圆地貌。

工业革命拉开了科技快速发展的序幕，人类飞向太空的梦想不再遥不可及，而月球作为地球最亲密的伙伴，显然是人类开启太空之旅第一站的首选。进入 20 世纪之后，人类迎来了两波探月活动密集期，第一次为 20 世纪 60 ~ 80 年代，第二次则是 1990 年至今。进入 20 世纪 90 年代后，世界进入稳定、均衡、快速发展的状态，各国的经济和科技实力都开始提升，有更多国家加入太空探索的领域。未来人类对月球的探索仍将继续。目前一些正在计划中的研究活动包括持续无人 / 载人绕月飞行、在月球上建立常驻基地及无人月球基地等。随着人类科技的高速发展，我们对月球的认识一定会更加透彻。更可以展望的是，以月球作为深空探测基石，人类将会向更辽阔浩瀚的宇宙进发。

?

1. 你认为月球上适合生命存在吗？为什么？

2. 你认为未来人类还可以在哪些方面展开对月球的探索以及建设？

地球的保护层

地球的盾牌——磁层

太阳在我们心中一直都是温暖的象征。然而，实际上太阳并不像表面上那么平静，太阳平均每天会发生 3 次太阳爆发，每次威力范围相当于十万到一亿颗氢弹爆炸。这种爆发产生的能量会将太阳的等离子体加热之后以风暴的形式喷射出去。每次太阳风暴会包含大量的 X 射线、伽马射线、高能量电子束等，这类电子束即使是低剂量也会对人体造成伤害。那么，既然太阳风暴这么可怕，为什么我们还能在阳光下唱着歌呢？这得益于我们居住的这颗神奇的星球——地球。

地球拥有一面叫做磁层的神奇盾牌，它虽然看不见、摸不着却能够像防护罩一样防御太阳风暴的攻击，阻止太阳风暴的有害射线对我们造成伤害。当对人体有害的电子束、伽马射线等接近地球磁极的时候，受到地球磁层磁场的影响，本来应该直接冲击地球的电子束等遵循洛伦兹定律，发生偏转，避免了地球直接被太阳风暴袭击，从而保护我们不被太阳风暴伤害。不过，关于为何地球会为我们架起这面神奇的盾牌，科学家们并没有找到确凿的依据，目前只是猜测地磁场的形式主要是因为地核外核部分有大量的铁和镍。在外核部分 4400℃到 6100℃的高温以及地核内部高压的影响下，铁和镍熔化后在地球内部循环流动，产生电流进而发生电磁感应效应，最终产生电磁场。

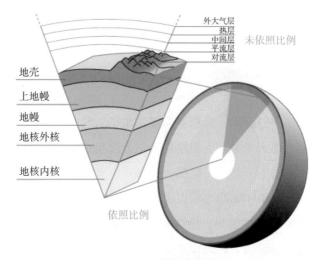

图 1-21　地层组成示意图

　　在形容地球的磁层时可以将地球看做一个巨大的磁石，磁感线从南极出发，绕一个大圈，最后回到北极，我们的地球就这样支起了一层防护罩来抵御太阳风暴。先前说到太阳风暴带有很多有害的粒子，吹起来特别厉害，那太阳风暴的风到底有多大呢？在没被太阳风暴影响的时候，只按照磁铁的模型考虑地球磁层的话，磁层就像一个有中轴的大灯笼，而当磁层面对呼啸而来的太阳风时，整个磁场都被吹歪，变成雨滴形了！想象一下暴风雨天气下迎风撑伞的场景，我们的地磁场就是用这样一副拼命的姿态来守护我们的。

　　地球的磁层并不是均匀的，南极和北极比较薄弱，这也导致了被阻挡的太阳风暴有一丝钻进了磁层的空隙，不过这样一丝粒子已经不会对人类产生致命威胁了。偷偷溜进南极和北极的太阳风也造成了地球的神奇景观——极光。

图 1-22　美丽的极光

极光是只能在磁层较薄弱的地球两级才能看到的奇特的光。也许地球也想欣赏壮丽的风景，所以才会让磁层偷偷开了后门也说不定呢。

电离层与人类生活

实际上，关于电离层的区域划定，还存在着种种争议，其中有一部分人认为电离层是在地球磁层最下层部分（从海拔 60 千米到 1000 千米）。这一部分大气由于宇宙射线（X 射线、紫外线等）的作用发生部分电离被称为电离层，而从下至上包括完全电离的区域被称为磁层。而按照美国电器和电子工程师协会（IEEE）的定义；60 千米以上到磁层顶部的整个空间都被称为电离层。

上文指出，地球的磁层除了可以在太阳风暴下保护我们不受有害粒子的伤害外，还带来了美丽的极光。不仅如此，磁层中的

图1-23　爱德华·阿普尔顿

电离层更是与我们的生活息息相关。世界上第一个发现电离层存在的科学家是爱德华·阿普尔顿。在此之前，虽然有人推测地球存在电离层却无从证明，爱德华·阿普尔顿在1924年开始研究电离层，最后通过一系列的实验，他成功回收了从电离层反射下来的电波，并通过增加电波能量的测量时间，准确测定了电离层在60千米高空左右的位置。1947年，他因此获得了诺贝尔物理学奖。

这个发现为后来的远距离通讯技术奠定了基础。爱德华的实验证明了无线电可以被电离层反射回到地面，这样只要无线电波的能量足够，便可以通过电离层的反射将信号传递得很远。这项成果具有深远的现实意义，其应用十分广泛。船舶在海上航行与陆地通话，飞机在万米高空与指挥中心联系，都是依靠无线电波技术来实现的。国际的电视和广播，也是通过无线电波技术来实现的。在车载收音机中，AM频段的节目也是经过电离层的反射之后传递回收音机里。无线电波真可谓是无处不在。

电离层为何能够反射无线电波呢？和光一样，无线电波也是电磁波，所以会发生反射与折射。当电离层电子密度相对电磁波足够高时，电磁波将发生全反射现象，电磁波携带的信息也跟着一起去了"远方"。而且根据电磁波的频率不同，我们可以估计电磁波会从电磁层多高的地方反射回来。

前文我们也说过太阳风暴携带大量有害粒子和宇宙射线，大部分都会被磁层给拦截下来。而电离层的形成也是因为宇宙射线激发大气发生电离，所以当太阳风暴过强的时候电离层的电离会更彻底，这样电离层的电子密度就乱了。在 X 射线的影响下产生大量自由电子，这些自由电子吸收高频电磁波，将导致无线电的中断。假设在导航的关键时刻因为电离层的突然变化导致通讯中断，其后果的严重程度是不言而喻的。为了减少或避免这些损失，科学家们建立了一套预报系统，通过监控太阳的活动来预测电离层的变化。

人类虽然无法主宰宇宙自然，却能够通过观察学习、严密的研究来慢慢掌握自然规律，最后为自己所用，通过趋利避害一步一步成长，从而进化成万物之灵。

水的力量

我们生存的地球表面，大部分被水覆盖。人体的主要成分也是水，水在成年人的身体里面约占体重的一半，在新生儿的身体里更是占到了约 75%。水不仅是我们身体的主要组成部分，也渗透在我们生活的方方面面。

水的构成很简单，两个氢原子和一个氧原子以共价键的方式结合形成了水分子。另外，由于氢和氧的亲和性天生就很好，所以水分子之间还会存在一种描述分子间相互作用的化学键，叫作氢键。氢键不仅存在于水中，也广泛存在于 DNA 中。因为水分子之间氢键的存在，水也多了很多特殊的性质。

　　首先，水在常温下是液态，这也是水最常见的形态，所以人们将水凝固的温度作为 0℃，水沸腾的温度作为 100℃，得到了最初的温度标准。在此之后，法国人以水凝固的时候 1 立方分米的水的质量作为 1 千克，并以此作为质量标准。然而随着研究的深入，科学家发现水和其他液体不太一样，并不是纯粹地符合热胀冷缩这个经验的，由于氢键的存在，液态水在 4℃ 的时候密度最大。于是，现在人们以 4℃ 的 1 立方分米水的质量作为新的标准质量单位 1 千克，并将这个标准沿用至今。其次，水是一种很弱的电解质，刚好可以按照 1∶1 的比例电离出少量的氢离子（H^+）和氢氧根离子（HO^-），根据电离出的氢离子的量，科学家计算出了水的 pH 等于 7，将其定义为中性。而其他水溶液，如果计算出其 pH 大于 7，即与水相比难电离出氢离子的被称为碱性溶液；PH 小于 7，即与水相比容易电离出氢离子的被称为酸性溶液。研究与水相关的化学性质和物理性质给相关科学研究提供了便利。

　　在现代工业上，人们通过理解"水滴石穿"的原理开发了用超高压水枪来切割材料的技术。水刀相比较传统的切割技术，有自己独特的优势，比如切割通用性强，在切割的时候不需要加温或者对材料增加压力，水刀处理材料比机械摩擦处理材料更有效率，切出来的切面更加光滑整洁，甚至不需要多次加工，节约了生产成本。现在人们还在水中加入研磨剂，这样水刀的切割能力又进一步得到了加强。

图 1-24　正在进行材料切割作业的水刀

氧气

　　"看不到，摸不着，少了它，活不了。"这是关于氧气的谜语，也很直观地反映了人类对氧气的依赖。它是地球上生命存在的必要物质之一。

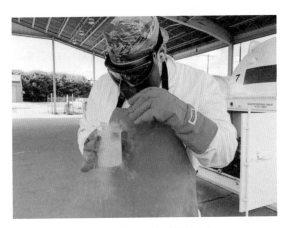

图 1-25　美丽又危险的液态氧

虽然平时大家心中氧气都是无色无味的气体，但是如果环境温度足够低，例如，在零下 182℃，氧气会液化成液体，也就是我们常说的液氧。液氧和气态的氧气不一样，它呈美丽的淡蓝色，看起来既美丽又神秘。

不过不要把空气和氧气的概念弄混淆了，空气是我们平时呼吸的气体混合物的总称，氧气虽然对人类很重要，但它在空气中的含量实际上只有 20% 左右。

氧气的发现最早始于公元前 2 世纪，古希腊学者费隆和画家达芬奇分别发现燃烧或者呼吸会消耗一部分空气，但是他们都没有得到正确的推论。17 至 18 世纪，包括罗伯特·胡克在内的很多化学家都在试验中制备了氧气，而无一例外，他们都不知道自己得到了一种新的化学单质。1731 年，斯塔尔根据前人确立的燃素说做出了当时权威的解释。燃素，在物质燃烧的时候被释放出来，物质燃烧完之后剩下的部分则是物质的纯态。而木头煤炭，燃烧之后残留少，则是因为它们的主要成分就是燃素。从现在的科学知识来看，他们对物质的认识似乎很"肤浅"，但这恰恰是科学发展的必经之路。当科学向着真理前行的时候，总少不了那些在科学之路上闪闪发光的智者们。法国化学家拉瓦西便是在"氧气"这场认知竞赛中带领我们接近真相的英雄。虽然他并没有独自制备得到氧气，但

图 1-26　法国化学家拉瓦锡

他根据普利斯特和舍勒的研究定量分析了燃烧跟氧气的关系。而且他当时的实验还是根据现在仍然适用的化学原理——质量守恒定律作为研究手段来进行的，这引领了化学实验世界的潮流。

在弄清楚了氧化反应的原理之后，人们开始利用氧气做各种各样的事情。工业上，冶金通过吹扫氧气的办法除去碳，得到低碳钢。医疗上，人们通过高压氧仓等设备，提高呼吸环境的氧含量来治疗缺氧性等疾病。在太空探索中，人们利用液态氧作为氧化剂让火箭获得足以脱离地心引力的巨大推力。

关于氧气的形成，科学家众说纷纭，现在普遍的共识是早期地球植物（海藻）通过光合作用产生了氧气。

    1. 想象一下突然有一天地球磁层消失了，世界会变成什么样？

    2. 人类能否有一天在封闭的空间中创造出自己想要的世界？

    3. 水资源是人类共同的财富，我们应该做哪些力所能及的事情保护水资源？

地球的结构

地球的圈层结构

当你抬起头的时候，如果是晴朗的夜晚，你可以观察到距地球 38 万千米的月亮。当然，如果观测条件更好些，在北方晴朗的秋月夜空，你可以看到距离地球约 1.6 万光年的仙后座 V762，这是超过 1 万光年的恒星中看起来最亮的一颗。然而，当你低下头，你却只能看到各种各样的地表，你的视野被地球坚硬的外壳所遮挡。我们甚至可以说，日夜生活在大地上的人类，对地球结构的认识比对月球的认知多不了很多。

对于地球的结构，人类曾有很多想象和探索。凭借简单的对天体和大地的感知，人类做出了许多伟大的尝试，其中就包括我国具有朴素的自然唯物主义色彩的"有物混成先天地生。寂兮寥兮独立不改，周行而不殆，可以为天下母"宇宙演化论和地球起源假说，是同时代其他创世理论不能比拟的。此后，东汉的张衡在此基础上发展了浑天说，再一次强调了地球的形状，更有将其分层的意识，这使得在很长一段时间中都没有再出现能与之匹敌的有关地球结构的思想。

1644 年，笛卡尔在其《哲学原理》中提出了地球起源和地球内部构造假说。他设想，地球与其他天体一样，是由以回转运动作为固有性质的原始粒子形成，由于重粒子向地心集中，轻粒子则向外逸散并聚集于地球的外层，地球被划分为三个层次——中心区位地核，由白热发光物质组成；中间区域最初是液体，后来凝成不透明的固体；外部则是最先冷却成的固体外壳。他又根据实践经验，进一步将最外层分为几层：最底层是密度大的金属物质，其上为石质和泥沙物质，再往上则是水层，最外层是大气层。值得

图 1-27　笛卡尔

一提的是，这个模型的根本理论是基于万有引力定律的，而这一时期还没有发现万有引力定律。

　　1638 年，与笛卡尔同一时代的基歇尔来到意大利南部，深入到维苏威火山内部进行一番细致的观察和研究，并得出了另外一种地球构造模型。他相信地球如同一个冷却了的太阳，但仍具备一个充满能量的中心焦点，其通过若干条通道和节点连接并最终导出到地表，火山喷发表明地球内部仍在进行剧烈的活动，它像烟囱一样，将地球内部的能量释放出去进而维持内部的相对稳定。虽然这种模型与我们常见的圈层结构有着很大的区别，但其通过火山而展开的研究，其实昭示了另一条研究地球结构的道路，这就是后来的地幔柱学说。

　　在此后，随着社会的发展，基础科学有了长足的进步，地球科学的发展也有了一定的进步，出现了各种理论假说和诸多关于基本地质理论的争议。例如，布丰利用铁球的冷却实验推算地球

图 1-28　基歇尔的地球模型

的年龄；地质学史中最著名的岩石的火成和水成论战；由博物学发展而来的生物分类学对化石研究的推进进而产生的古生物学……但关于地球结构的理论却没有突破性的进展，基本上只是在笛卡尔的地球圈层模型上进行发展和细化。

转机发生在 19 世纪末期，随着第一次工业革命的完成，人类的生产能力再上一个台阶，大都市开始出现。而地震对于人口密度创造新高的城市有着巨大的杀伤力，对地震的研究显得格外的迫切和紧要。1880 年，利用惯性原理和弹性原理来记录地震引起的地面运动的近代地震仪出现，改变了人类以往的地震预测方法。

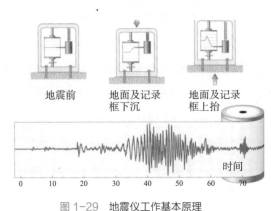

地震前　　地面及记录　　地面及记录
　　　　　框下沉　　　　框上抬

时间

图 1-29　地震仪工作基本原理

当时在克罗地亚的一个大学里，有个叫安德里亚·莫霍洛维奇的学者建了些地震台，想观测一些地震事件。说来也巧，1909

年8月8日，克罗地亚国内发生了地震。他拿到地震数据之后尝试着用地震波的走时来计算地下岩石的地震波传播速度。他在计算过程中发现，在地下岩石一定深度上，地震波的速度有一个明显的、突然的增高。这是人类第一次发现地壳和地幔的边界。虽然现代的技术手段又有了巨大的发展，但是研究壳幔边界的方法还是基本上沿用莫霍洛维奇的套路。为了纪念他的发现，这个地壳地幔边界被称为莫霍洛维奇不连续界面，简称莫霍面。

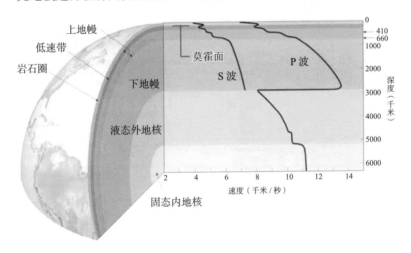

图 1-30　两种地震波在地球内部传播速度变化示意图

　　在地震学中，地震波根据振动方式分为纵波和横波。纵波（P波）是振动方向与传播方向一致的波；横波（S波）是振动方向与传播方向垂直的波。这两种波总称为体波。体波到达地表或介质分界面时，在一定的条件下，又会激发沿地面或分界面传播的面波。

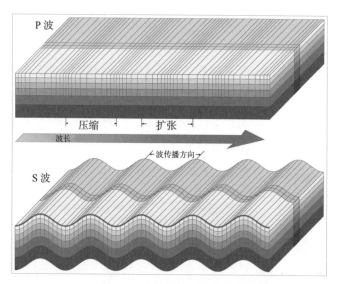

图 1-31　地震中的 P 波和 S 波

　　因为地震波是一种机械波，在液体或气体内不可能发生剪切运动，S 波不能在它们中传播。刚开始，人们没有意识到这个规律在我们观测地震波数据的时候的作用，反而觉得这是计算地震波传播的重要干扰项，直到加州理工大学的学者宾诺古登堡研究了大量地震数据后发现一个重要现象，那就是以震中为零点，那么在其对称的 103 度至 142 度区间，没有直达的 P 波，在大于103 度的区间内都没有 S 波。鉴于这种现象出现并不是偶然，于是古登堡提出猜想，可能地球的中心部分有大量液态物质存在，阻断了 S 波的直接传播，地球可能有一颗液态的内核。这大概是人类第一次从间接的角度见证了笛卡尔所说的地核的存在。此后大家更是不停地验算这层固液态分界的界限，并把这层界限称为古登堡面，作为地球幔核的分界。

至此，地壳、地幔和地核之间的界面均被发现，地球内部结构的基本圈层基本完整。

地壳

地壳，作为离人类活动最近的一个圈层，是人类可以直接研究的圈层。对它的研究，不仅研究时间最长、研究内容最多，而且研究深度也最大。远在石器时代，地壳上的各类岩石就给人类提供了制作武器和生活用品的原材料，虽然只是简单的加工，但人类已经开始考虑脚下的这片大地为什么有区别。

图 1-32　古代种植业劳作场景

到了奴隶制社会末期，手工业开始独立出来，人类对于地壳产出的矿产有了基本的认识。我国战国末年成书的《管子·地数》中写道："山，其上有赭者，其下有铁；上有铅者，其下有银；上有丹者，其下有黄金；上有慈石者，其下有银金；此山之以见荣者也。"从中，我们可以认为人类的认识开始从简单的地貌区分上升为对岩石类型的区分，这种由表及里的认识在地质学上是质的飞跃。

文艺复兴以后，西方的思想得到了解放，地质学研究同样取得了一定的成果，特别是在矿物学和生物化石成因方面。17世纪末期，在观察和分析的基础上，出现了更为完善的地质学理论——丹麦学者斯第诺通过对意大利托斯卡纳地质构造的观察，在其著作《固体内含有生物体理论》中，不仅将岩石圈进一步划分成地层和岩层，并论述了地层学的层序基本原理——地层层序律：地层未经变动时则呈水平状；地层未经变动时则上新下老；地层未经变动时则呈横向连续延伸并逐渐尖灭。

图 1-33　地层示意图

在此之后，从先后出现的洪积说、水成论与火成论，到居维叶倡导的灾变说被莱伊尔的渐变说压制，这些旷日持久的论战将地质学从简单的学说猜想推向了成熟的学科理论，多版地质图先后出版并广泛使用，标志着近代地质学的到来。进入19世纪末期，以莱伊尔的《地质学原理》、拉马克的《动物哲学》以及达尔文的《物种起源》为基础的进化理论体系成为占据统治地位的学派，这一局面后来被一个躺在病床上的年轻气象学家打破。

早在 16 世纪，制图员就发现一些大陆边缘在一些部位是可以拼接的。直到 20 世纪初，德国气象学家魏格纳对此提出了"大陆漂移"假说，并以此解释了大陆边缘的衔接性以及这些大陆上古生物化石的相同，而且还解释了一些古气候的变化规律，但这个后期改变人们对地球认识的观点，在最初提出的时候，虽然被人津津乐道，却一直不被世人所认同，反对最强烈的是美国的地球物理学家，他们认为其没有动力学原理和依据，更是将其打上了"伪科学"的标签。而此种观点的创立者魏格纳，在努力寻找其他证据的过程中客死他乡，导致该观点的推广更加缓慢，直到一个新的契机的来临。

在第二次世界大战期间，德国海军利用潜艇这个潜伏在水下的杀手进行狼群战术，使得包括美国在内的盟军付出了惨痛的代价，为了挽救处于危险境地的海军，声呐和地磁测量两项技术得到了极大的应用和发展。这些技术为侦测潜艇、开展海底地形测量和布设磁性水雷提供了帮助，同时，潜艇惯性导航系统校正，用各地的磁差值和年变值编成磁差图或标入航海图进行磁罗经导航也用到了这些技术。战后，有关国家成立了相应的研究机构，于是，史上最大的海洋普查研究开始了，这其中就包括海洋地磁测量。在测量大洋中脊的过程中，科学家发现了一个有趣的现象，洋中脊两侧岩石的自然剩磁的磁极方向呈规律性的条带对称。

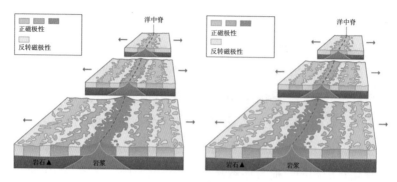

图 1-34　大陆漂移学说的古地磁学证据

　　令人困惑的证据不止这些，研究岩石的剩磁可以追溯当年地球磁场情况。当物理学家在测量相同地区不同年代的岩石后，意识到地球磁场和强度处于一个变化的状态，但是当测量不同地区相同年代的岩石时却发现了一个问题，那就是这些岩石的视磁极并没有指到一处。当时针对海陆地壳的两种均衡学说都认为陆壳和洋壳是不能相互转化的，而这一结果并不能通过磁极游移来解释。于是，大家再次把目光聚焦几十年前魏格纳的观点——大陆漂移，并将根据相近的轮廓板块进行拼接，结果是吻合的。无疑，大陆漂移的观点在不违背已知地壳相关理论的情况下，可以解释现有的大多数难以解释的现象。至此，一大批地球物理学家从大陆漂移的反对面站到了支持面。

　　当众多学者接受大陆漂移的观点，再对此进行科学研究后，得到了更多的事实证据。最终，大陆漂移学说得到了大多数地质学家的支持。

地幔

大陆漂移学说虽然可以解释很多岩石圈和地壳的问题，却有一个致命的缺陷——缺乏令人信服的动力学机制。曾经的进化学说中的海底扩张学说认为，大陆是被动地在地幔对流体上移动的。当岩浆向上涌时，洋壳较薄海底更容易产生隆起，上地幔涌升力作为驱动，洋壳被撕裂，裂缝中又涌出新的岩浆来，冷凝、固结，再被涌升流动所推动。这样反复不停地运动，新洋壳不断产生，把老洋壳向两侧推移出去，这就是海底扩张。但是这样的观点与我们对地幔的观测有所不符。

莫霍面这一概念被提出后，地质学家曾开展了长期的地震检测，以此来验证莫霍面是否在全球范围内都存在。在实践检验过程中，地质学家发现地震波在地幔部分的传播速度在莫霍面以下也不是均匀变化的，在小于 1000 千米深度的范围内存在一个增速较慢的区间，再超过 1000 千米深度的范围后，地震波的传播速度以一个更快的增速加速。于是，地质学家又将地幔分为上地幔和下地幔，并认为上地幔增速较慢，是因为该区间内存在部分熔融的现象，降低了地震波的传播速度，同时，这一层也被称为软流层。

当然，地球作为一个物质分布不均匀的近似球体，实际情况更加复杂。2015 年，美国普林斯顿大学的杰罗恩·特鲁普研究小组利用田纳西州橡树岭国家实验室的超级计算机"泰坦"对地震波进行了分析。迄今为止，研究小组已经对 3000 次 5.5 级以上的地震的地震波进行了分析，地震波穿过固态岩石时的速度较快，穿过岩浆时的速度较慢。利用这些计算结果，科学家绘制出了地幔的 3D 模拟图，图中，较慢的地震波呈红色和橙色，较快的地震波呈绿色和蓝色。

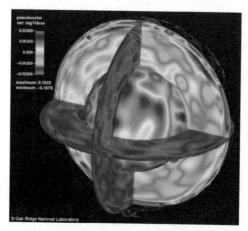

图 1-35　通过利用地震波速绘制的地幔 3D 模拟图

对地震的研究成果远不局限于此：当把全球火山分布图和全球地震带进行比较后，就会发现它们有着高度的一致性。这些相一致的区域称带状分布，将整个地壳分成了若干份，于是一个新的理论浮出水面——板块构造理论，以全球火山地震带为基础进行板块划分。

海底扩张理论逐渐成熟并得到大多数地球科学家的认可，于是，海陆演化的模式就成为大家研究的热点。对板块边界的研究的重要性不言而喻，但真正推动板块理论发展的反而是那些看起来不是那么重要的地方。对大西洋情有独钟的威尔逊在研究洋中脊周围的一些断裂错断时，发现这些断层仅仅在错开的两个洋中脊之间有相对运动，具平移剪切断层性质，在洋中脊外侧断层线并无活动特征，常常连接两种不同的板块活动类型，于是他把这种断层称为转换断层。当然，身为国际大地测量学和地球物理学联合会主席的威尔逊的眼光并没有局限于此，他以大西洋曾经是封闭的为前提，成功证明了苏格兰的一条转换断层和加拿大的一条转换断层曾经是同一条转换断层后，真的发现了板块理论的新大陆，大西洋的"闭合—再打开"便可以被完美阐释。随后这种认识被广泛应用于探讨海陆演化过程，这就是著名的威尔逊旋回，也为板块构造学说的完整性提供了最后一块拼图。

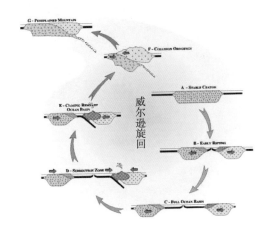

图 1-36　威尔逊旋回示意图

　　威尔逊旋回的意义在于，在这个能够很好阐述海陆变化却存在动力学上的缺陷的学说中，将地幔内在运动与地壳的漂移有机地结合起来。早在 20 世纪 60 年代初，威尔逊发现有些海岛与海底扩张理论中关于洋壳年龄的论断不符，虽然其离洋中脊较远，但其上的火山喷发物却异常新。在他对夏威夷进行充分考察分析后，最终提出夏威夷岛下存在一个固定的"热点"，他认为热点的物质来自于更深的地幔部分，当太平洋板块移动时，热点处的岩浆穿透板块，引起火山喷发，形成火山岛，随爆发时间不同，最终形成一系列链状火山岛，并且离"热点"越远，火山岛的形成年龄越老。故而岛链可以被认为是海底相对地幔的"绝对"速度。

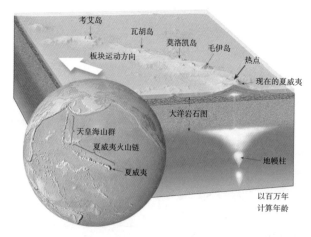

图 1-37 夏威夷火山链显示热点相对地壳运动示意图

威尔逊新颖的想法不仅提供了板块构造理论的可信证据和动力学思路，更重要的是提供了一个新的研究地幔物质的视角：研究热点的喷发物。热点是目前所知直接获取地幔深处物质的唯一来源，热点的发现也证明了地幔间物质是会发生交换的。

同时期的贝尼奥夫在研究海沟附近的地震时发现了更有趣的事情：岛弧—海沟区域属于地震多发地带，同时这些地震的分布和震源深度上有着明显的规律性，地震多发于海沟向大陆一侧，同时距海沟越近，震源的深度越低。

　　贝尼奥夫的发现，是对地壳和地幔活动有相互联系运动的证据，勾画出其运动的具体轨迹，显示出地壳向地幔俯冲的角度。

　　热点的物质上升通道，被称为地幔柱，炽热的地幔物质把上覆的岩石圈抬起，在地表形成巨大的穹隆，并可产生像红海、亚丁湾和东非那样的三叉式的裂谷系统。地幔柱和板块收敛边缘共同组成了地球深部和地表的物质交换循环。

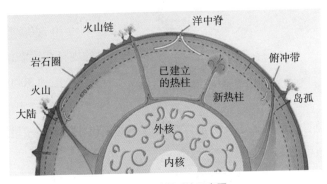

图 1-38　地幔对流示意图

　　当然这只是关于板块构造学说驱动力的一种解释，它更深层的解释就是地幔热对流，其认为板块是驮在地幔上以传送带的方式运动的，但这种对流发生的情况有多少还需进一步的研究。

地核

　　前面讲过，地震波中的 S 波无法像 P 波那样可以在流体中传播，这种截然不同的性质在日后经常被用来探测地球深部流体存在的特征。20 世纪 30 年代，在验证古登堡面的过程中，丹麦地震

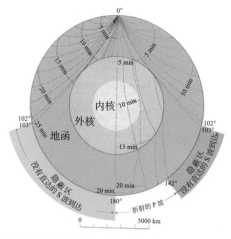

图 1-39　地震波在整个地球中的传播路径示意图

学家英奇雷曼发现，地震波中的 P 波在地球的另一端被监测到了，信号穿越了地球内核。于是，她提出了一个让人大吃一惊的崭新理论：地球内核分为两层，从地下大约 5000 千米开始的内核是固态的，而其外部直到 3000 千米深度上的外核才是液态的。她将地球的核心又更加详细地分为内核和外核，外核呈液态，而内核则是固态。

　　当然，在了解地核的基本结构之后，人类对于自身居住星球的探索欲望变得更大了。通过对地震波的进一步研究，研究人员发现地核不但具有低剪切波速和高泊松比的特征，而且还具有极其复杂的各向异性和不均一性。这与地幔的结构的不均一性有着相似的地方，但也有着不可解释的现象。一开始，通过地球的密度、基本的圈层结构以及地球具有磁场的现象，科学家们认为地球存在一个铁—镍核心，然而随着实验和观测手段的丰富，大量高温高压下的实验表明，在地球深处高温高压的环境将会把这一切变得更复杂。而实际地核的物质组成更加复杂，除了占据非常大比例的铁和镍，其他轻元素同样有着巨大的作用，这些轻元素的种类和含量与地球形成历史密切相关。因此，通过对地核轻元素成分和含量的研究，还可以探索地球早期的形成历史。

　　对地核的研究，由于无法获得直接资料，我们只能通过分析间接资料和旁系资料来开展。间接资料是研究工作的主要资料，主要从地震学、大地测量学、地磁学和现代同位素地球化学等方面获得，而旁系资料主要从宇宙地球化学和陨石学等方面获得。更加有效的方法则是使用实验岩石学、矿物物理、量子分子动力学以及地球能量估算等学科成果，通过限定条件参数，对地球，特别是地核的演化和运转过程进行模拟计算，得到更加接近真实的地核模型。但如果我们想完全了解地球的真实样子，还有很长一段路要走。

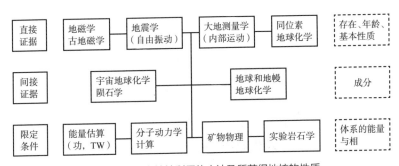

图 1-40　研究地核利用的方法及所获得地核的性质

入地之路

　　长久以来，人类对地球内部深处的探索更多的是依靠地震波来间接观察，而在更早期人类只能依靠天然洞穴和一些采矿巷道的挖掘来探索地球内部深处，因此，对于地球内部深处的研究极限

图 1-41　古代采矿劳作场景

很难超越百米。除此之外，依靠火山喷发物的研究也只是主流研究的辅助方案。

钻探技术的出现改变了这种局面，虽然深度依旧不能满足研究的需求，但是它极大地推进了对地球内部深处情况的勘查。国际大陆科学钻探计划（ICDP）就是进行此类地球内部深处钻探的国际合作项目，该计划于 1996 年 2 月由德国、美国和中国发起立项，至今已有近 20 个国家和团体加入该计划。

图 1-42　"地壳一号"钻机五颜六色的塔身是从太古代到新生代共 5 代 12 纪的标准用色

　　科学钻探是目前能直接获取地下实物数据和提供测量信道的唯一技术方法，是人类了解地壳内部深处运动和内层物质信息不可或缺的重要手段，这也是将科学钻探称为"伸入地壳的望远镜"的由来。在此之前，曾有苏联的科拉超深科学钻井，先探测到莫霍面，但因种种原因停止在了 12263 米。此后，德国大陆深钻计划项目（KTB）则通过长期的考察、论证、选址，并完成了主孔9101 米的钻探计划，将此经验和成果应用于跨国家合作的 ICDP。

　　我国的松科二井，使用设计钻探能力 13000 米的"地壳一号"钻机，从 2014 年 4 月 13 日开钻，至 2018 年 5 月 26 日完井，历时 1504 天，终孔井深 7018 米，是全球第一口钻穿白垩纪陆相地层的大陆科学钻探井，也是 ICDP 成立 22 年来实施的最深钻井，为人类向地球内部深处进军做出了巨大的贡献。

1. 地球各个圈层之间的分界是可以观测到的么？
2. 哪种技术手段是观测地球各个圈层所必须的？
3. 知道地球的圈层结构，对人类有什么意义？

第2章

地球前世

"我可闭于果壳之中，仍自以为是无限宇宙之王。"

——威廉·莎士比亚，《哈姆雷特》第二幕

宇宙起源和演化

时间的起点

　　人类社会从"孩童时代"起，就一直试图对神秘的宇宙做出解释。从古代的敬神祭天到现代宇宙探测器的发射，从古老的地心说到近代的日心说，从牛顿的万有引力定律到爱因斯坦的广义相对论，无数先辈用智慧和劳动，试图解释宇宙的现在、过去和未来。在古代中国，先民们有盘古开天劈地之说，这可以说是最早对"宇宙从哪里来"的解释；天圆地方，则阐述了以地球为观察起点的宇宙的存在状态；诗经中的"七月流火，九月授衣"则是表现了古人对天文现象和气候变化之间的关系的判断。这些朴素的观点，是典型的东方式智慧。古希腊人在很早的时候通过观察到海上的船只总是先看到桅杆再看到整个船身而认识到地球是球体；古希腊数学家埃拉托色尼根据正午太阳对地上物体的投影而测算地球的半径，测算值和现代科学测量值的差别在 4% 左右。这是典型的西方式智慧。古代的天文学，也算是宇宙学的一部分，正是有了精确的天文观测，加之与物理理论的结合，成就了现代的宇宙学。

　　现代宇宙学的流行观点是宇宙起源于大爆炸。宇宙大爆炸理论是 20 世纪 60 年代提出来的，是用来描述宇宙诞生早期条件及其后续演化的宇宙学模型。这一模型得到了现代科学研究和天文观测的支持，并且有越来越多的观测结果支持大爆炸理论。宇宙大爆炸理论不仅有着深刻的思想内涵，也有着坚实的物理基础。现代流行的大爆炸理论认为：宇宙是由一个高温、高密度的初始奇点"大爆炸"而来的，经过不断膨胀才达到今天的状态；远古时期的宇宙不存在星系，星系是宇宙演化的产物，原子、分子以及各种元素都是宇宙在演化过程中产生的；现在宇宙仍处于加速膨胀的状态。天文学中的哈勃定律、超新星爆发、宇宙微波背景辐射等一系列实验结果都支持宇宙大爆炸理论。

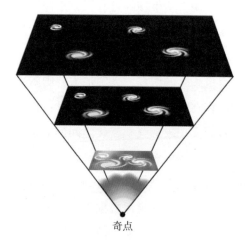

奇点

图 2-1　大爆炸理论认为宇宙从极密、极热的奇点爆炸并膨胀到现在的状态

　　1912 年，美国天文学家维斯托·梅尔文·斯里弗尔在观察天空中的涡旋状星云的光谱时发现，地面观察者接收到的多数星云发出的光谱有向红端移动的现象，这就是红移现象，即光谱会向低频端移动。根据多普勒效应推断，这些星云在远离我们。红移现象是天文观测中的典型现象，即观察到的光谱发生频率变低、

波长变长的现象，表明被观察对象和观察者之间在相悖运动；与之对应的是光谱的紫移现象，即观察到的光谱发生频率升高、波长变短的现象，表明被观察对象和观察者之间在相向运动。但是斯里弗尔没有联想到这一结果对于宇宙学的重大意义。因为当时学界的主流观点是静态宇宙观点。虽然行星运动和各种星系的运动早已成为公认的事实，但是主流观点仍然认为宇宙的空间并不会扩张或者收缩。

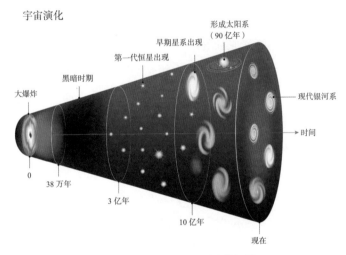

图 2-2　描述宇宙膨胀的艺术构想图

1917 年，爱因斯坦将广义相对论应用到宇宙研究中，他发现由此建立的宇宙模型是动态的，为了调和与静态宇宙的矛盾，爱因斯坦引入了宇宙学常数来修正引力场方程。1922 年，苏联物理学家亚历山大·弗里德曼假设宇宙在大尺度上是均匀和各向同性的，并利用场方程得到同样均一和各向同性的弗里德曼方程，消除了爱因斯坦为静态宇宙引入的宇宙学常数，弗里德曼方程显示，宇宙是在膨胀的。1929 年，美国天文学家埃德温·鲍威尔·哈勃系统观测了银河系周围 24 个邻近的星系，他把观测的光谱线与之前实验室测量的光谱线进行了对比，无一例外地都发现了红移现象，这说明所有的 24 个星系都在离我们远去。哈勃因此而发现了哈勃定律：离我们越远的星系，离开我们的速度越快。所有的星系都在远离我们而去，而我们所处的位置在宇宙中不具有任何空间和时间上的特殊性。照此推断，在太阳系观测到的星系远离，在别的星系上测量也是远离的，也就是说所有的星系都在相互远离，这就像是不断膨胀的气球，各个星系好比是气球球面上的点，随着气球的膨胀，所有的点都在相互远离，没有两点是相互靠近的。这说明，宇宙在膨胀，并不具有固定体积（这里用体积不合适，因为宇宙整个是时间和空间的统一，并不是简单的我们所理解的三维体积，只是用来形象化而已）。哈勃的观测结果证实了弗里德曼的理论。假如我们把宇宙从诞生到现在的各个时期拍成电影胶片，按正序放送，就是宇宙膨胀；如果倒着放送电影胶片，宇宙就会收缩成一个奇点。这就是宇宙大爆炸。

宇宙大爆炸的观点由比利时物理学家乔治·勒梅特提出，哈勃常数也是勒梅特第一个提出来的。俄裔美国核物理学家乔治·伽莫夫完善了大爆炸理论，提出了恒星核合成理论和大爆炸核合成理论。同一时期，美国的拉尔夫·阿尔菲和罗伯特·赫尔曼还从理论上预言了宇宙微波背景辐射的存在。

图 2-3　全宇宙微波背景辐射图，根据 WMAP（威尔金森微波各向异性探测器）九年收集的数据绘制

从宇宙大爆炸开始，时间开始流动。人类从地球的角度出发，把大爆炸以后宇宙的演化简单地划分为以下四个阶段：原初核合成和原子的形成；星系凝聚，开始形成结构；恒星核合成；太阳系形成。

虽然大爆炸理论是目前对宇宙起源和演化做出的最好的解释，但是，这个理论所能回答的也只是有关宇宙问题的冰山一角，更多有待解决的问题还隐藏在"海面"以下，比如暗物质和暗能量之谜、正反物质不等量之谜、宇宙中元素的丰度、宇宙大爆炸初期、宇宙演化的细节等，这些未解的宇宙之谜有待我们去探索和发现！

元素的形成

人类对于物质基本构成的认识是不断更新和深入的：古代中国有金、木、水、火、土五行学说，古希腊有土、气、水、火四元素说，再到近代原子分子学说，后来又深入到原子核的内部，现在夸克—轻子一级的物质构成已经基本成为共识。现代宇宙学和粒子物理学的研究表明，整个宇宙的质量（能量）成分的大致分布为：4.9%的普通可见物质，26.8%的暗物质以及68.3%的暗能量。夸克—轻子一级的物质结构模型是用来描述普通可见物质的，这一模型被称为标准模型。我们的地球以及宇宙中的各个星系都是由普通可见物质构成的，而我们对于占宇宙大部分能量的暗物质和暗能量的探索才刚起步，知之甚少。

现在我们要介绍的是可见物质，正是这些可见物质构成了美丽的地球。我们周围的各种物质，都是由原子构成的，原子是构成自然界物质的基本组成单位，有的物质直接由单个的原子构成，如金属是由金属原子直接构成的，空气中少量的稀有气体是由稀有气体原子构成的。有的物质是由原子组成的分子构成的，如生物体内的各种蛋白质大分子，空气中的氮气、氧气、二氧化碳等都是由分子构成的。水是由水分子构成的，一滴水中包含的水分子约为 10^{21} 个，地球上所有的水分子加起来约为 10^{43} 个。而理论估算宇宙中的原子个数大约有 10^{80} 个，这是多么巨大的一个数字啊！如果我们想一个一个地去研究不同原子的性质，那几乎是不可能的！幸亏科学家发现了元素周期律，把所有的原子按照原子序数和最外层电子数归纳到一张元素周期表中，图 2-4 就是一张简单的元素周期表。

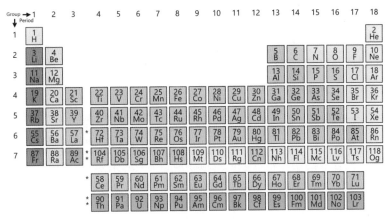

图 2-4　简单化学元素周期表

　　目前总共有 118 种元素，超铀元素（原子序数大于 92）多数
为人造元素，在自然界中几乎不存在，这些元素被造出来之后，
很快就会衰变为质量更小的元素。原子序数就是原子核中质子的
数目，质子数相同而中子数不同的原子是同一种元素不同的同位
素。比如自然界中的碳元素（C，原子序数为 6）多数为碳 12（^{12}C，
这里 12 指质量数即质子数和中子数之和），有少量的碳 13（^{13}C）
和极少量碳 14（^{14}C）。

　　除了少量的人造元素，大部分元素都是天然存在的，这些元
素是宇宙诞生开始就存在的吗？答案是否定的，从宇宙大爆炸理
论的介绍中我们可以看到，在宇宙早期高温、高密的状态下，元
素并不存在，大概从宇宙诞生三分钟后开始，原子核才开始形成。
在三分钟之前，宇宙经历了光子时期、夸克时期以及轻子时期等
过程，等到夸克形成质子和中子以后，质子和中子才能够形成原
子核，原子核束缚电子在核周围才能形成中性的原子。随着宇宙

的降温，轻核、重核逐渐形成，元素不断地合成。宇宙中元素的合成包括两种途径：第一个是宇宙早期阶段的总体合成过程，合成场所是初期宇宙中；第二个是恒星形成以后在恒星内部核反应过程中，合成场所主要是恒星内部。

在第一种合成途径中，星系结构和恒星都还未形成，合成的主要是轻核，这一阶段发生的时间较早，因此又叫原初核合成。原初核合成的第一批反应的反应物应该是已经存在的质子（p）和中子（n），单个质子也是最简单的原子核——氢核（^{1}H），质子和中子合成氢的同位素氘（^{2}H），当氘（^{2}H）积累到一定数量的时候，氘和中子反应再生成更重的氢的同位素氚（^{3}H），氚也可以和质子合成第二号元素氦（^{3}He），氦（^{3}He）和中子又可以合成 ^{4}He，即 α 粒子。这个阶段形成的主要就是前三号元素氢（H）、氦（He）、锂（Li）的各种同位素，很难形成比（^{7}Li）更重的原子核了。但是当恒星形成以后情形就发生了变化。早期的轻核形成以后，由于某种不稳定的因素，导致星系结构开始形成，并产生恒星，因为恒星脱胎于早期宇宙，所以恒星内部都是较轻的原子核在燃烧。恒星内部高温、高压、高密度导致轻核聚变生成较重的原子核，比如氢的同位素聚变又生成氦核，两个 α 粒子聚变又生成第四号元素铍（^{8}Be），铍（^{8}Be）和 α 粒子反应生成碳（^{12}C）！万众期待的碳（^{12}C）终于出现了，碳（^{12}C）再和 α 粒子反应又可以生成更重的元素，如此进行下去，就产生了我们现在的元素！恒星燃烧的过程，也是轻核不断燃烧减少，重核不断增加的过程，但是当重核的原子序数和质量数不断增加，又会造成原子核的不稳定而自发衰变为较轻的原子核，所以我们看到元素周期表并没有朝着原子序数无限大、一直增加的方向发展。

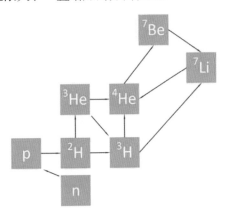

图 2-5　原初核合成的反应网络

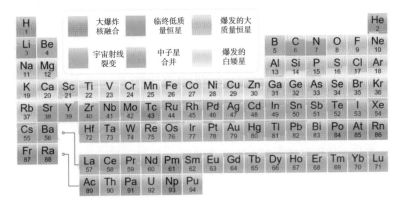

图 2-6　表明元素起源的周期表，包括恒星核合成，不包含 94 号以上的人造元素

　　科学家是如何得知宇宙中元素合成的秘密的呢？一方面科学家通过测量宇宙中的元素的丰度（丰富程度），观察恒星内部的核聚变反应，另一方面利用核物理实验来进行人工核反应，通过观测宇宙和核物理实验，科学家不断修正原子核理论模型，使得模

型能够预测更多的事实，实验也需要理论的指导。对于原子核模型和反应的研究工作，也是现代理论物理和实验物理相互合作和借鉴的典范。

人类认识宇宙的历程

宇宙一词，是对空间和时间的统一的描述。人类对于宇宙的认识，是从自己所生活的地球开始的，这是一个漫长的、充满探索趣味、哲学思辨和科学论证的过程，在探索宇宙的过程中，人类也不断地认识自身。

中国古代产生了三种比较系统的宇宙学说，《晋书·天文志》中写道："古言天者有三家，一曰盖天，二曰宣夜，三曰浑天。"盖天说的主要观点认为我们所在的大地是一个方形，被一个圆盖的天空笼罩。这种观点比较符合人们直接观察的结果，这是非常早期的宇宙观。我们要明白的是，一个成功的宇宙学说不是仅仅从直接观测得到的结果，而是要能做出预言，当新的观测结果和预言不符合的时候，就要修正我们的学说。盖天说产生后，并不能解释后来的观测结论，于是进行了第二次改进，认为天地是同心半球，天半球覆盖在地半球之上。浑天说产生于战国时代，认为天是一个球体，地处于球体的中心，天球上镶嵌着日月星辰，这种学说和近代西方的天球视运动很接近。宣夜说则认为："天了无质……日月众星，自然浮生虚空之中，其行其止皆需气焉。"意思是天没有形质，不存在固体的天球，日月星辰漂浮在无限的气体中游荡。这是一种完全不同于前两种学说的宇宙观，和现在的宇宙观有点类似，遗憾的是，宣夜说仅仅停留在哲学层面上，缺少科学实证。科学实证方面浑天说做得更好。

古希腊被认为是欧洲文明的发源地，孕育出诸如泰勒斯、苏格拉底、柏拉图、亚里士多德、毕达哥拉斯等一大批哲学家，其中很多哲学家也是著名的自然科学家和数学家。古希腊人在很早就认识到地球是球体这一事实，水手通过观察到海上的船只总是先看到桅杆再看到船身，从而对地球的形状进行了直觉上的推测，认为地球可能是球体。而亚历山大学派的代表人物托勒密则全面完善了地心说，使得地心说直到 16 世纪一直是欧洲的主流学说。

图 2-7　《雅典学院》文艺复兴三杰之一意大利画家拉斐尔的名画

1543 年，波兰天文学家哥白尼在即将离世之际，出版了其一生写就的巨著《天体运行论》，这本天文学著作具有划时代的意义，让人类较为正确地认识了太阳系，科学逐步摆脱宗教控制，走上健康发展的道路。17 世纪初，意大利物理学家和天文学家伽利略发明了第一架折射式天文望远镜，天文学逐步走出人类肉眼观察时代而进入天文望远镜观测时代。

德国天文学家开普勒继承了丹麦天文学家第谷的观测手记并继续进行天文观测，总结出了著名的开普勒行星运动三定律。1672 年，英国物理学家牛顿出版了《自然哲学的数学原理》，在该书中，牛顿全面阐述了万有引力定律，将天上和地上的引力规律统一起来，通过万有引力定律也可以推导出开普勒行星运动三定律。开普勒定律本质上属于经验规律，依赖于观测，而万有引力定律是理论规律，可以预言更多的结果。

1845 年，法国天文学家根据引力定律计算了天王星轨道，进而推算出了海王星，在其预言的观测位置发现了太阳系第八大行星海王星。

1916 年，爱因斯坦发表了广义相对论，将引力理论阐述为引力场引起的时空弯曲，用引力场方程来描述。广义相对论所预言的黑洞、引力透镜效应（光线在引力场作用下的弯曲）、引力波等都已被实验所发现和验证。

1929 年，美国天文学家哈勃发现了哈勃定律。现代观测表明宇宙不仅是膨胀的，还在加速膨胀。膨胀的宇宙这一观测结果是现代宇宙学的发端。现代宇宙学的流行理论就是宇宙大爆炸理论。

从上面人类认识宇宙的历史中，我们知道，人类对宇宙是无法做到一窥全豹的，但至少可以发现一些规律。

地外生命

科学上最深奥的问题往往也是最简单的，比如："在宇宙中，我们是孤独的吗？"对于这个问题，我们还没有确切的答案。我们的宇宙飞船还没有在太阳系中找到别的生命，射电望远镜也还没有探测到从外星传来的智慧电波。

费米悖论

关于外星球是否存在生命或者智慧生命，有一个非常有名的悖论，叫作费米悖论。费米悖论以著名物理学家费米冠名，是费米在一次会议中首次提出的，即由德雷克公式所计算得到的地外文明数量非常庞大，可是现实中却一个证据都没有找到的，这之间存在巨大的矛盾。

费米悖论的基本论点是由恩里科·费米提出并由天体物理学家迈克尔·H.哈特完善的：银河系中有数以千亿计的恒星和太阳类似，太阳属于一颗比较年轻的恒星，许多恒星的年龄比太阳都要大几十亿年；这些恒星周围存在类地行星是大概率事件，如果地球是这些行星中的普通一颗，那么别的行星也可能产生智慧生命；地球的智慧生命诞生时间还不是很长，已经可以在太阳系内发射探测器，而那些古老的行星产生的文明或许已经可以进行星际航行；即

链接

使是以现在人类进行星际航行的速度来讲，在几百万年以内也可以从银河系的一端旅行到另一端。

在这些合理的假设之下，得到的结论就是地球已经很早就被外星生命访问过。可是，这些外星人在哪里？

我们至今还没能得到哪怕是极细微的证据能够表明外星生命来访过地球。许多人也在试图解答费米悖论，他们猜想地外文明会非常稀少或者由于某些特殊原因，这些文明未能到访地球，但这些假设造成的另外一个诘难就是，地球是一颗特殊的星球！那么，为什么只有地球如此特殊？

科学家在地球上的很多极端环境中找到了一些令人匪夷所思的生物，这表明并不是只有在温和环境中生物才能存活，当然了，这并不意味着生物可以在任何环境下存活。根据生命科学的结论，外星球上必须具备有机物和液态水两个条件，才有可能产生并存在生物。米勒—尤里实验表明，早期地球的无机物环境下可以产生有机物，那么，在太阳系的其他行星上，只要有液态水，那我们就还有找到地外生命的希望。为了使行星表面的水呈液态，表面温度不能太热或者太冷，而且，必须有厚的大气层提供足够的气压使得水不会变成气态挥发掉。到现在为止，在茫茫宇宙里被我们发现的那些行星中，只有地球满足这些条件。但是，我们发现，也有一些别的星球现在或曾经有水存在过。如木卫二（木星的第二卫星）的光谱分析表明，其地表覆盖着厚厚的冰层，而这些冰块很有可能是漂浮在液态水上面的，那就是说木卫二上可能有广阔的冰下海洋。虽然我们还不知道木卫二上是否存在生命，但是存在水的证据就足以激励我们继续探索下去。另外，火星也是科学家寻找地外生命最热门的地点。

图 2-8　木卫二的红外照片

现在火星表面的大气层非常稀薄，不足以提供足够的气压，水只能以冰或者蒸汽形式存在。然而，火星表面探测器传回的图像表明，火星表面有很多干枯的河床、洪水冲刷的印迹以及淤积泥沙，这些地表特征表明火星曾经"湿润"过。那么，火星是否有生命存在呢？这个问题还有待回答。

图 2-9　左：这是一张 1976 年海盗 1 号绕行器拍摄的火星表面的照片，上面有一张"人脸"，有人认为这是外星人做出来的；中：1998 年火星环球测量者用高清相机在不同的曝光条件下拍摄的同一地点，表明这只是一座被侵蚀的山；右：GMS 照片显示这是一座直径达 215 千米的环形山

在太阳系中只有极少数地方曾经有条件产生生命，但是太阳系外的行星呢？地球上的生命起源给我们提示，在太阳系外的类地行星上或许存在生命。但是，我们要如何去探索距离我们如此遥远的类地行星呢？这对于寻找地外文明是非常大的挑战。其中一种方法就是搜寻地外文明发出的电磁波信号。即使只有少量的高等文明分散在庞大的银河系中，我们也有能力探测到地外行星发出的电磁波信号。但问题是，如果有外星人试图通过电磁信号联络我们，他们会使用哪个频段的电磁波？如果我们不能够把射电望远镜正好设置在恰当的频段，那我们可能永远也搜寻不到外星人发出的信号。一个可行的方案就是找一段很少受外源干扰的频段去探测，比如水洞，这一频段是几乎不受噪声干扰的电磁波段，是地外行星上的（H）和（OH）的微波辐射，（H）和（OH）组合就是水（H_2O），所以叫做水洞。比如，1989 年 NASA 进行的高分辨率微波探测工作就是寻找水洞波段。

在寻找类地行星和上面的文明信号时，除了用微波搜寻外，科学家还通过红外太空望远镜寻找太阳系外的类地行星。2017 年2 月 23 日，NASA 召开新闻发布会，宣布通过斯皮策太空望远镜首次发现距离地球约 39 光年的星系中拥有 7 颗类地行星，并命名为"TRAPPIST-1"，这一发现的论文发表在 2017 年 2 月 22 日的《自然》杂志上。这 7 颗行星是已知的所有地外行星中最适合生命生存的行星：大小接近地球的尺寸，拥有较为合适的温度。接下来的任务就是对这些行星的大气进行详细的分析。目前，我们已经发现有数千颗太阳系外行星。

此外 NASA 于 1972 年和 1973 年发射的先驱者 10 号和先驱

者 11 号太空探测器已经越过木星和土星，向更深的宇宙飞去。这两艘飞船都携带一张金属碟片，碟片上记录了一些信息，表明了碟片出自人类之手。

太空旅行

随着科技的发展，人类已经无法满足只生活在地球表面的陆地和海洋上，太空成为人类放飞梦想的新领域。天文学和宇宙学的发展也迫切要求人类突破地心引力的限制，飞向天空，飞向太空。在科幻电影中，我们经常看到外星人乘坐银白色圆盘状的飞碟访问地球，但实际上，人类访问太空的飞行器，远比飞碟更梦幻，种类更多样。

航空和航天是两个概念，航空器活动的场所是大气层，例如飞机升空后是在平流层里飞行。而航天器是要实现飞向地球大气层之外的航行活动。航天器有三种宇宙速度：第一宇宙速度大小为 7.9 千米 / 秒，约为普通民航飞机的 30 倍左右，达到第一宇宙速度的航天器绕地球做圆周或椭圆运动，比如卫星；第二宇宙速度大小为 11.2 千米 / 秒，达到第二宇宙速度之后航天器绕地球做抛物线运动，将摆脱地球引力进入太阳引力的控制范围，绕太阳运行，第二宇宙速度也叫逃逸速度；第三宇宙速度为 16.6 千米 / 秒，达到第三宇宙速度的飞行器将飞出太阳系。

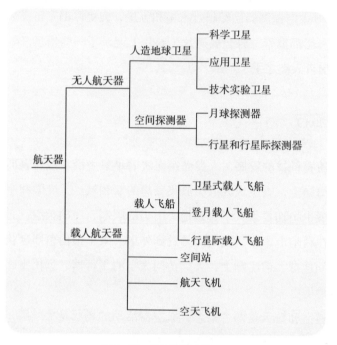

图 2-10　航天器的分类

　　1957 年 10 月 4 日，苏联发射了人类历史上第一颗人造卫星斯普特尼克 1 号，这颗人造卫星的绕地轨道为椭圆，近地点和远地点的距离分别为 215 千米和 939 千米。1961 年 4 月 12 日，苏联用约 5 吨重的东方 1 号宇宙飞船将航天员尤里·加加林送入地球轨道，从发射到降落历时 108 分钟，绕地球一周，加加林成为进入太空的第一人。1961 年 5 月 5 日，美国将航天员阿伦·谢波德通过自由 7 号送入太空。1963 年 6 月 16 号，第一名女性航天员捷列什科娃乘坐苏联东方 6 号进入太空，在轨运行 70 小时 50 分钟，环绕地球 48 圈。1969 年 7 月 16 号世界时（UTC）即格林尼治时间13点32分，美国肯尼迪航天中心发射土星5号火箭将阿波罗11号宇宙飞船送向月球，4天后，即7月20日20点18分（UTC）飞船在月球着陆。执行此次任务的三位航天员分别是指令长尼尔·阿姆斯特朗、指令舱驾驶员迈克尔·柯林斯和登月舱驾驶员巴兹·奥尔德林。阿波罗11号在进入绕月轨道之后，登月舱从指令舱分离，指令舱载着柯林斯继续停留在绕月轨道绕月和监测仪器，登月舱载着阿姆斯特朗和奥尔德林着陆月球。登月舱着陆约6小时之后，也就是7月21日2时56分15秒（UTC），阿姆斯特朗出仓登月，成为登月第一人。20分钟后，奥尔德林在检查完仪器后出仓登月。两人在月球上约2小时15分钟，收集了21.5千克月壤。随后两人乘坐登月舱先进入绕月轨道和柯林斯会合然后返回地球。这是人类第一次登上月球，阿姆斯特朗登月后的第一句话"这是个人的一小步，却是人类的一大步"响彻全世界。

阿波罗计划是美国NASA于1961—1972年之间计划并执行的大型载人登月计划，从阿波罗11号飞船到阿波罗17号飞船（13号失败）共6艘飞船成功载人登月，总计12人次实现月球行走。1971年4月19日，苏联发射升空世界上第一座空间站礼炮1号。之后又有空间站陆续发射：苏联的礼炮系列空间站，美国的天空实验室号空间站，苏联的和平号空间站，美、俄、日、加等多国共同建设的国际空间站。

图 2-11　左：阿姆斯特朗在登月舱旁边，由奥尔德林拍摄；右：奥尔德林带着防护面罩，由阿姆斯特朗拍摄，防护面罩上反射出了阿姆斯特朗，两人用这种方式拍了月球上唯一的合照

　　1970 年 4 月 24 日，中国发射了自己的第一颗人造卫星东方红 1 号。2003 年，神舟五号载人飞船升空，航天员杨利伟成为进入太空的第一个中国人。2007 年，嫦娥一号卫星绕月成功，实现了中国探月计划嫦娥工程的第一步。2020 年，嫦娥五号月球探测器实现了无人月面取样返回。另外，中国也在积极发展和探索自己的空间站项目。中国的航天事业稳步快速发展。

　　人类发射了各种空间探测器探测其他行星的情况。这些无人探测器探索过水星、金星、火星、木星、土星等，目前飞行最远的空间探测器是 NASA 于 1977 年发射的旅行者 1 号，现在飞进了星际空间。

　　人没有翅膀，不能像鸟类一样自由地翱翔在天空中，但是，人类渴望翅膀，渴望飞翔。现代科技的发展，让人类的梦想变成现实。飞机已经超越陆运和海运成为快捷安全的运输方式，火箭和航天飞机实现了近地空间和地球之间的往返，相信在不久的未来，人类可以乘坐星际飞船往返于地外星球和地球之间。人虽然没有翅膀，但科技为人类的梦想插上翅膀，实现梦想的过程中又创造了更多不可思议的科技。让我们年轻的读者们，我们也一起努力吧！

1. 既然很多超铀元素在实验室中制造出来后很快就衰变了，那么我们为什么还要制造超铀元素？

2. 如果有一天外星人俘获先驱者 10 号和先驱者 11 号上的碟片，你觉得碟片上的哪些信息能够轻易地被外星人读懂？你能读懂这张碟片上的信息吗？

3. 你想做一名航天员吗？如果你的梦想是做一名航天员，那你需要学习哪些技能？

地球的起源和演化

在浩瀚的宇宙中，地球只是一颗再平凡不过的行星，但是对人类来讲，它是我们生命的摇篮。浩瀚的宇宙中，为何会出现地球这个如此适合生命存在的行星？地球从一开始就适合生命生存

吗？刚开始的地球是什么样子呢？在漫长的时间中，地球历经了
怎样的变化呢？

地球的形成

地球是太阳系的一个成员，太阳是太阳系的家长。太阳系在
形成之前，是一片由炽热气体组成的星云，气体冷却引起收缩使
得星云旋转起来。由于引力和气体的作用，旋转速度加快，星云
变成扁的圆盘状。当旋转的星云边收缩边旋转，周围物质做离心
运动时，就分离了一个圆环出来。就这样，一个又一个圆环产生。
最后，中心部分变成太阳，周围的圆环变成了行星，其中一颗就
是地球。

在太阳系形成初期，99%以上的物质向中心聚合成为太阳，
周围还有部分散落的物质碎片围绕着太阳旋转，经过很长一段时
间的碰撞和引力作用，散落的碎片逐渐聚合成了行星。但那时的
地球只是一团混沌的物质，又经过了相当长一段时间，物质逐渐
冷却凝固，形成了地球的初步形态。

地球年龄的测定

很早以前，人们曾试图用地球上发生的一般物理、化学过程
来估算地球的年龄，如根据地球表面沉积岩的积累厚度，海水含
盐度随时间的增加，地球内部的冷却率等来进行估算。但是这些
过程的变化速率在地球历史上不是恒定的，因此不可能得到精确

的地球年龄。直到 1896 年放射性同位素被发现以后，人们才找到了一种方法来测定岩石和地球的年龄。就测试水平而言，我们可以认为放射性元素的半衰期在任何物理化学条件下都是恒定的。

要测量地球的年龄，就必须找到跟地球同时形成的物质。在地球表面，确实有一种岩石能满足这个要求，那就是陨石。绝大

链接

放射性衰变原理测定地球的年龄

根据放射性衰变原理测定地球年龄方法的发明，还要追溯到第二次世界大战时美国对原子弹的研究。美国召集了大量科研人员研究铀的分离技术。也就是在那时，年轻的研究生克莱尔·帕特森第一次接触到了质谱仪（测量原子或分子质量的分析仪器）。战争结束后，帕特森回到芝加哥大学继续他的博士学业。但是他对铀同位素和质谱仪的研究并没有停止下来。他的导师化学家哈里森·布朗对利用铀的衰变进行定年产生了兴趣。铀 235 和铀 238 都会按照各自不同的概率发生一系列衰变，铀 235 要比铀 238 衰变得更快，半衰期分别为 7.04 亿年和 44.7 亿年，分别衰变成为铅 207 和铅 206。所以，理论上说，只需要知道一个岩石样品里现在有多少铅和铀，以及形成的时候有多少铅和铀，就可以得到它的年龄。

多数陨石的来源是太阳系中的小行星。在太阳系里，太阳、八大行星和小行星几乎是在同一时间形成的。产生陨石的小行星由于体积小，在形成后快速冷却，然后沉睡了几十亿年，直到遇到某种机缘降落到地球上。

铁陨石是一种独特的陨石，也被叫做陨铁。顾名思义，陨铁的主要成分就是金属铁。地球的地核，主要由铁和镍的合金组成。而这些从天而降的铁块，是一些小行星的内核——在某次不幸的碰撞中爆炸，并落到了地球表面。1953年，帕特森从布朗那里要来了这些陨石的样品，通过提取和测量准确地得出了陨石中的铅，并且通过计算得到了地球年龄为41亿年～46亿年的估计，后来又经过一系列的改进，帕特森得到了地球的精确年龄为45.5±0.7亿年。此后，这个结论被无数其他独立方法证实。

岩石与矿物

地球的地壳由一层厚厚的岩石覆盖。从地球表面至莫霍界面（指地球的地壳和地幔的分界面）之间主要由火成岩、变质岩和沉积岩构成，是岩石圈组成的一部分，平均厚度为17千米，地壳下面是地幔，上地幔大部分由橄榄石构成。地壳的质量只占全地球的0.2%，按结构分为大陆地壳和海洋地壳两种。大陆地壳有硅酸铝层（花岗岩质）和硅酸镁层（玄武岩质）双层结构，而海洋地壳只有硅酸镁单层结构，大陆地壳平均厚度约33千米，海洋地壳平均厚度约10千米。可见地球表面是被厚厚的一层岩石覆盖。

矿物和岩石的形态多种多样：它们可能是山脉上巨大的石块，

可能是沙滩上漂亮的鹅卵石，还可能是建造城市的坚固材料，以及光彩熠熠的宝石。要想了解岩石，我们先从矿物说起。矿物是由各种不同元素组成的，具有一定内部构造及化学、物理性质的物质。例如，食盐的学名叫氯化钠，是由氯元素和钠元素组成的矿物，具有一定的晶格结构；石英矿则是由硅元素和氧元素构成。而岩石简单来说就是由一种或者多种矿物混合的物质。也就是说，矿物包藏在岩石之中，所以人们想要寻找矿物，总要从岩石里勘探、开采、提炼。我们常见的花岗岩就是由石英、长石、云母三种矿物组成的。

图 2-12　隐藏着地球秘密的各种矿石

板块运动

图 2-13　大陆漂移学说的创始人魏格纳

据说，1910 年的一天，年轻的德国气象学家魏格纳身体欠佳，躺在病床上。百无聊赖中，他的目光落在墙上的一幅世界地图上，他意外地发现，大西洋两岸的轮廓拼在一起竟是如此吻合，特别是巴西东岸的直角突出部分，与非洲西岸凹入大陆的几内亚湾非常吻合。自此往南，巴西海岸每一个突出部分恰好对应非洲西岸同样形状的海湾；相反，巴西海岸每一个海湾在非洲西岸就有一个突出部分与之对应。这难道是偶然的巧合？这位青年气象学家的脑海里突然掠过这样一个念头：非洲大陆与南美洲大陆是不是曾经贴合在一起？也就是说，从前它们之间没有大西洋，到后来才破裂、漂移而分开的？

随后，魏格纳开始搜集资料，验证自己的猜想。他首先追踪了大西洋两岸的山系和地层，结果令人振奋：北美洲纽芬兰一带的褶皱山系与欧洲北部的斯堪的纳维亚半岛的褶皱山系遥相呼应，暗示了北美洲与欧洲以前曾经"亲密接触"；美国阿巴拉契亚山的褶皱带，其东北端没入大西洋，延至对岸，在英国西部和中欧一带复又出现；非洲西部的古老岩石分布区（老于 20 亿年）可以与巴西的古老岩石区相衔接，而且两者之间的岩石结构、构造也彼此吻合；与非洲南端的开普勒山脉的地层相对应的，是南美的阿根廷首都布宜诺斯艾利斯附近的山脉中的岩石。对此，魏格纳做了一个很浅显的比喻。他说，如果两片撕碎了的报纸按其参差的毛边可以拼接起来，且其上的印刷文字也可以相互连接，我们就不得不承认，这两片破报纸是由完整的一张撕开得来的。除了大西洋两岸的证据，魏格纳甚至在非洲和印度、澳大利亚等大陆之间，也发现了地层构造之间的联系，而这种联系都限于中生代之前，即 2.5 亿年以前的地层和构造。沉浸在喜悦中的魏格纳又考察了岩石中的化石。在他之前，古生物学家就已发现，在目前远隔重洋的一些大陆之间，古生物面貌有着密切的亲缘关系。例如，中龙是一种小型爬行动物，生活在远古时期的陆地淡水中，它既可以在巴西石炭纪到二叠纪形成的地层中找到，也出现在南非的石炭纪、二叠纪的同类地层中。而迄今为止，世界上其他大陆上，都未曾找到过这种动物化石。淡水生活的中龙，是如何游过由咸水组成的大西洋的呢？

　　为解释这些现象，魏格纳之前的古生物学家曾提出陆桥说，他们设想在这些大陆之间的大洋中，一度有狭长的陆地或一系列岛屿把遥远的大陆连接起来，植物与动物通过陆桥远涉千万里，到达另外的大陆；后来这些陆桥沉没消失了，各大陆被大洋完全分隔开来。这种观点被称为固定论，即大陆与海洋是固定不动的。而魏格纳的解释则是活动论，各大陆之间古生物面貌的相似性，并不是因为它们之间曾有什么陆桥相连，而是由于这些大陆本来就是直接连在一起的，到后来才分裂漂移，各奔东西。固定论与活动论的争论，与火成论与水成论的争论、渐变论与灾变论的争论一道，被人们称为地质学三大论战。

作为活动论的先驱，魏格纳一开始几乎是孤军奋战。古代冰川的分布也支持魏格纳的想法。距今约 3 亿年前后的晚古生代，在南美洲、非洲、澳大利亚、印度和南极洲，都曾发生过广泛的冰川作用，有的地区还可以从冰川的擦痕判断出古冰川的流动方向。从冰川遗迹分布的规模与特征来判断，当时的冰川类型是在极地附近产生的大陆冰川，南美、印度和澳大利亚的古冰川遗迹残留在大陆边缘地区，冰川的运动方向是从海岸指向内陆，显然冰川是不会从低处向高处运动的，这说明这些大陆上的古冰川不是源于本地。面对这种古冰川的分布及流向特征，过去的地质学家一筹莫展。然而正是这些特征，为大陆漂移学说提供了强有力的证据。在魏格纳看来，上述出现古冰川的大陆在当时曾是连接在一起的，整个大陆位于南极附近。冰川中心处于非洲南部，古大陆冰川由中心向四方呈放射状流动，这就合理地解释了古冰川的分布与流动特征。我们现在看到的冰川向陆地内部运动的表象，其实是因为原来巨大的大陆分裂开来，原来的内陆变成了沿海。除古冰川遗迹外，蒸发盐、珊瑚礁等古气候标志，也可用来推断它们形成时的古纬度。古纬度与现在大陆的位置是冲突的，这也说明以前的大陆不在今天所处的地方。证据似乎已经很充分了。

1915 年魏格纳的代表作《海陆的起源》问世。在这本书里，魏格纳阐述了古代大陆原来是联合在一起的，而后由于大陆漂移而分开，分开的大陆之间出现了海洋的观点。魏格纳认为，大陆由较轻的含硅铝质的岩石（如玄武岩）组成，它们像一座座块状冰山一样，漂浮在较重的含硅镁质的岩石如花岗岩之上（洋底就是由硅镁质组成的），并在其上发生漂移。在二叠纪时，全球只有一个巨大的陆地，他称之为泛大陆（或联合古陆）。风平浪静的二叠纪过后，风起云涌的中生代开始了，泛大陆首先一分为二，形成北方的劳亚大陆和南方的冈瓦纳大陆，并逐步分裂成几块小一点的陆地，四散漂移，有的陆地又重新拼合，最后形成了今天的海陆格局。

魏格纳这一石破天惊的观点立刻震撼了当时的科学界，招致的攻击远远大于支持。一方面，这个观点涉及的问题太宏大了，如果成立，整个地球科学的理论就要重写，必须要有足够的证据，假说的每个环节都要经得起检验。另一方面，魏格纳在大学中获得的是天文学博士学位，主要研究气象，他并非地质学家、地球物理学家或古生物学家；在不是自己的研究领域发表看法，人们对其观点的科学性难免会产生怀疑。

魏格纳理论最主要的弱点是：巨大的大陆是在什么物质上漂移的？驱动大陆漂移的力量来自何方？魏格纳认为硅铝质的大陆漂浮在地球的硅镁层上，即固体在固体上漂浮、移动。对于推动大陆的力量，魏格纳猜测是海洋中的潮汐，拍打大陆的岸边，引起微小的运动，日积月累使巨大的陆地漂到远方；还有可能是太阳和月球的引力。根据魏格纳的说法，当时的物理学家立刻开始计算，利用大陆的体积、密度计算陆地的质量。再根据硅铝质岩石与硅镁质岩石摩擦力的状况，算出要让大陆运动，需要多么大的力。物理学家发现，日月引力和潮汐力实在是太小了，根本无法推动广袤的大陆。

就这样，大陆漂移学说以轰动效应问世，却很快在嘲笑中销声匿迹。虽然魏格纳找到的证据很多，但是如果别人找出一些反对这个科学理论的证据，比如大陆漂移的动力不足，这个学说只能叫做假说，而不是真正的理论。当时，人们解释中龙、舌羊齿等古生物的分布时，依然用陆桥说来搪塞。虽然陆桥说显得很荒唐，但是当时人们认为，还有一种理论更加荒唐，那就是魏格纳的大陆漂移假说。有人开玩笑说，大陆漂移假说只是一个"大诗人的梦"而已。只有魏格纳还孤独地吟唱着自己的诗篇。1930年，魏格纳第三次深入格陵兰岛考察气象时，不幸长眠于冰天雪地中，年仅50岁，他的遗体在第二年夏天才被发现。

同许多超越时代的科学家一样，他又出生得早了一点，未能等到他的学说被世人接受的一天。也许，只有人迹罕至的冰雪大陆，才能理解魏格纳生前的孤独吧。

1. 你对地球科学感兴趣吗？当下你最关心地球的什么问题？

2. 全球气候变暖，你觉得会引起什么不良后果？有什么解决的办法吗？

生命的起源与演化

众所周知，地球距今已有约 46 亿年的历史。由于长期缓慢的地壳运动，地球经历了大陆和海洋的变迁。与此同时，生命慢慢在地球出现，经历了从无到有，从低级到高级的过程。如果把从地球出现到现在的时间压缩到一天，那么生命大约在凌晨 4 点出现，哺乳动物则在晚上 23 点 40 分时出现，而我们人类则在晚上的 23 点 58 分 50 秒出现。与地球的生命相比，人类在地球上存在的时间不值一提。那么，人类是怎么知道生命在地球上的诞生过程的？这些主要归功于科学家的不懈努力。

岩石是组成地壳的物质之一。根据成因不同，岩石可以分为岩浆岩、沉积岩和变质岩三大类。而属于沉积岩的化石则为科学家探索生命的起源提供了主要证据。科学家通过对化石以及其所处地层的一系列分析，可以大致推断出生物所处的年代及其生活环境。

2017 年 3 月，《自然》杂志发表的一篇文章中指出，科学家发现了距今约 37.7 亿至 42.8 亿年的微生物化石，这一发现书写了生命起源的新历史。因此生命的起源按照前文的叙述要追溯到凌晨 2 点钟。生命在地球上出现以后，经历了从单细胞到多细胞，从水生到陆生，从低级到高级等多个阶段的进化。接下来，我们将从寒武纪生命大爆发、植物登陆、动物登陆、恐龙世界以及人类的诞生这五个方面来阐述生命在地球上的发展历程。

寒武纪生命大爆发

为了更好地显示生命的不同发展时期，人们列出了地质年代表用来描述地球历史事件。地质年代单位有宙、代、纪、世、期和时。宙和代是按照生命发展时期命名，而纪则是发现者依照地名、岩石特征或人名等来命名。而且随着新发现的出现，地质年代表也在不断的更新。

前面提到，在地球形成后很短的时间里就有了生命，不过开始的生物体比较单一，只有极少数动物门类出现。但在距今约5.4亿年的寒武纪出现了20多个动物门类，这一时期持续了近6000万年，而物种爆发的高潮则持续了2000万年。因为物种不是数量的变化，而是多样性的突然产生，我们称在寒武纪动物门类的突然出现这一事件为寒武纪生命大爆发。寒武纪生命大爆发让提出进化论的达尔文也一直迷惑不解，他在《物种起源》中也提到这个问题。寒武纪生命大爆发一直是科学界的谜题。2017年3月，发表在《地质学》（*Geology*）的最新研究表明，在俄罗斯远东西伯利亚地区发现的化石表明，寒武纪生物群与前寒武纪晚期埃迪卡拉纪生物群之间具有逐渐过渡的演化关系。这一发现使我们对寒武纪生命大爆发有了新的认识。

研究生命的早期起源有很多经典化石群。例如，澳大利亚的埃迪卡拉生物群、加拿大的伯吉斯页岩、中国云南省的澄江化石群等经典的寒武纪化石群。埃迪卡拉生物群的化石属于前寒武纪晚期，出现了几种动物门类，比如刺胞动物门、三叶动物门和节肢动物门等。这些动物体型较大，呈扁平状，科学家认为这种体

地 质 年 代 表

代	纪	世	距今大约年代（百万年）	主要生物演化
新生代	第四纪	全新世	现代	人类时代　现代植物
		更新世	0.01	
	第三纪	上新世	2.4	哺乳动物　被子植物
		中新世	5.3	
		断新世	23	
		始新世	36.5	
		古新世	53	
中生代	白垩纪	晚／中／早	65	爬行动物　裸子植物
	侏罗纪	晚／中／早	135	
	三叠纪	晚／中／早	205	
古生代	二叠纪	晚／中／早	250	两栖动物　蕨类
	石炭纪	晚／中／早	290	
	泥盆纪	晚／中／早	355	鱼　蕨类
	志留纪	晚／中／早	410	
	奥陶纪	晚／中／早	438	
	寒武纪	晚／中／早	510	无脊椎动物
元古代	震旦纪		570	古老的菌藻类
			800	
			2500	
太古代	太古代		4000	

（显生宙）（元古宙）（太古宙）

图 2-14　地质年代表

型的出现可能是为了更好地获取氧气。而在中国云南省澄江地区发现的化石群则囊括了近40种动物门类，其中包括了节肢动物门，脊索动物门等。根据这些动物留下的化石来看，这一时期的动物有了消化道、口腔等器官的分化。寒武纪是地球生命史上最早有明显动物化石记录的时代。

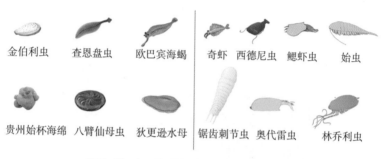

金伯利虫　查恩盘虫　欧巴宾海蝎　　奇虾　西德尼虫　鳃虾虫　　始虫

贵州始杯海绵　八臂仙母虫　狄更逊水母　锯齿刺节虫　奥代雷虫　　林乔利虫

图2-15　左：埃迪拉生物群；右：澄江生物群

　　是什么引起了寒武纪的生命大爆发？有报道称，地球历史上出现两次氧气指数明显升高的时期，一次发生于25亿年前，当时大气氧气含量从没有升高至现今的1%；另一次发生于7亿年前，当时大气氧气含量升高至现今的10%。华盛顿大学地质学家大卫·凯特林说："逐渐增多的氧气像一根缓慢的导火线，最终引爆地球生命快速进化。大约6.35亿年前充足的氧气可能支持微型海绵动物存活；5.8亿年前氧气含量较低的海底出现一些奇异生命形式，再过0.5亿年之后，脊椎动物祖先开始在富氧海水中游动。"由此寒武纪出现了生命的大爆发，地球生物逐渐昌盛起来。

植物登陆

　　漫长的岁月里，地球经历着大大小小的地壳运动。海水退却，形成山脉，陆地面积增加，使水中藻类裸露在阳光之下。由于植物没有神经系统，不能移动，所以藻类植物面临着巨大的生存危机。因此适应陆地生活是植物进化的必然选择。陆生植物的出现和进化过程成了地质历史上的重要事件。

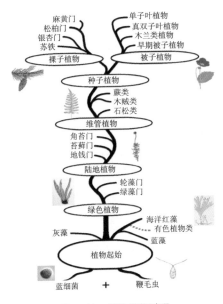

图 2-16　植物进化过程

　　和海洋环境大不相同，陆生环境较为严酷，因此植物必须具备吸收水分、防止水分过度流失以及附着等功能的组织。据化石记录，推测最早的陆生植物可能是在距今约 4 亿年的志留纪晚期出现的裸蕨，在当时广布全球，并在早、中泥盆纪繁盛一时，直到距今3.6亿年的晚泥盆纪才趋于绝灭。裸蕨植物的出现，是植物发展史上的一次巨大飞跃，所有的陆生高等植物（除了苔藓植物以外），都是直接或间接起源于裸蕨植物。

图 2-17　裸蕨

裸蕨植物一般体型矮小，结构简单，高的不过两米，矮的仅几十厘米。植物体无真正的根、茎、叶的分化，仅有地上生的极其细弱的二叉分枝的茎轴和地下生的拟根茎。但是它出现了简单的维管组织，这十分利于水分和无机盐类的吸收及运输。除此之外，假根的出现也增强了植物体的支持和固着能力。与此同时，茎轴的表皮上产生了角质层和气孔，以调节水分的蒸腾。和现在的高等植物相比，这些结构看似简单，但它帮助裸蕨解决了巨大的生存问题，并为更高等的陆生植物的出现奠定了基础。

由裸蕨植物进化而来的蕨类植物有了真正的根、茎、叶的分化：根不仅具有固定植株的作用，还可以深入到土壤中吸收水分和矿物质；茎内部维管束结构的形成为植物体产生了更为完善的输导系统；叶子成为专门的光合作用器官，其增加的表面积使植株可以更有效地利用阳光中的能量，同时叶片的蒸腾作用也为根系的水分输送提供了源源不断的动力。

而在我国，科学家发现产自我国贵州的黔羽枝是目前已知的最早的维管植物。在形态上，它完全不同于目前所知晓的早期陆生维管植物，且先于最早的库克逊蕨，是最古老的裸蕨化石。但是其化石隶属于二叠纪植物。因此黔羽枝在进化上所处的位置仍是未知数。

而我们所熟知的苔藓植物，虽有了早期的茎叶的分化，但茎中并没有维管组织的分化且多为单细胞生物。由于结构功能不完善，并不能离开潮湿的环境生存。而且苔藓植物比较脆弱，再加上动物和真菌的破坏，导致保留下来的化石很少。因此在进化上，有人认为苔藓植物属于水生到陆生进化过程的一个旁支，另有一些人认为它是比裸蕨更早的陆生植物。

陆生植物的出现对地球环境的变化以及地球生物的繁荣起到了巨大的推进作用，也为动物登陆奠定了基础。但是，最早登陆的植物是哪一种，仍存在争议。因此为了解决争议，还需要研究者的近一步探寻，寻找更多的古生物和分子生物学证据。

动物登陆

在地球形成后大约 42 亿年里，陆地上一片荒芜，直到后来植物登陆给陆地增添了一抹绿光。植物登陆为后来动物登上陆地的过程奠定了基础。

动物进化的过程是从无脊椎动物到脊椎动物的过程。而环节动物、节肢动物等是在进化过程中的重要分支。根据演化过程保留下来的化石和分子生物学证据，无脊椎动物和脊椎动物登陆过程是分开的。

无脊椎动物登陆　无脊椎动物的各个类群，从腔肠动物到环节动物，最初都是水生的，后来有一部分慢慢爬上陆地。它们基本上都生活在潮湿的环境中，并不能征服广阔的天空和广袤无垠的陆地。直到后来无脊椎动物的高等类群节肢动物的出现，才书写了无脊椎动物登陆的历史。

早期的节肢动物有一个类群——具颚类（图 2-18A），它的原始种群也生活在水中，后来演化出两个类群：一个类群仍生活在水中，后来演化成现在的甲壳动物，如虾蟹等；另一个类群慢慢向陆地靠近，发展形成了一套能利用空气中氧气的新型呼吸器官——气管系统，并逐渐适应陆生生活，成为陆栖动物，如蝗虫、蟋蟀、蝴蝶等。这一类群构成了节肢动物中最庞大的一支——气管亚门。后来这一类动物进一步演化成眼部退化的多足动物（图 2-18B）和可以自由活动的昆虫（图 2-18C）。

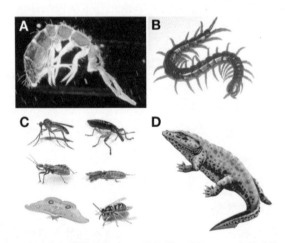

图 2-18　无脊椎动物和脊椎动物（A：具鄂类无尾目；B：多足动物——蜈蚣；C：不同种类的昆虫；D：鱼石螈模式图）

昆虫的祖先首次登上陆地时，裸蕨类植物已经出现。这为昆虫提供了足够的食物。为了更好地生存，昆虫取食的口器也由咀嚼式口器分化出嚼吸式、刺吸式、虹吸式等多种类型。植物种类的不断增多，昆虫演化出的多种口器，使昆虫的适应能力大大增强，也保证了昆虫从登陆到现在一直保持的繁盛的状态。

脊椎动物登陆　鱼类是我们熟知的最早的脊椎动物。众所周知，鱼类用鳃呼吸，离开水的环境将无法生存。但是地壳的运动，许多海洋变成陆地。为了生存下去，一些勇敢的鱼类凭借独特的肉质鳍冒险从水中爬到另外的水塘中继续生活。渐渐地，它们就能部分地适应陆地上的生活，偶鳍就变成了四条腿，逐渐演变成了既可在水中游动，又能在陆上跳跃的原始两栖动物，这就是最早登陆的脊椎动物——两栖动物鱼石螈（图2-18D），出现在距今3.72亿年的泥盆纪晚期。

鱼石螈是一种仍保留了某些鱼类特征的早期两栖类。根据化石提供的信息，鱼石螈体长约60～70厘米，后肢上有7趾，前肢上的趾数则不清楚。它看起来有点像今天的蝾螈，长着一个扁平的头，拖着一条长长的尾巴。如果光看尾巴，它更像鱼，有尾鳍，有鱼鳞。但鱼石螈已经能够在陆地上爬行，并能用肺直接从空气中摄取氧气。虽然可以在陆地上行走，但产卵繁殖必须在水中进行。因此一定意义上，鱼石螈并没有摆脱水环境的束缚。但是，鱼石螈的出现对脊椎动物登陆具有里程碑的意义，预示着真正的陆生生物——爬行动物的出现。

在植物和动物相继登陆后，地球表面慢慢形成了欣欣向荣的场景。陆地逐渐代替海洋成为生物演化的主要舞台。虽然生物完成了水生到陆生的过程，但始终有一部分不能离开水的环境，这也形成了物种的多样性。即便如此，水依然是生命存在和运动的基本保证。

恐龙世界

恐龙（Dinosauria）这个词是在 1842 年由英国古生物学家理查·欧文首先正式提出的。恐龙最早出现在距今二亿三千万年前的三叠纪，灭亡于约六千五百万年前的白垩纪晚期，恐龙统治了三个地质时代，即三叠纪、侏罗纪和白垩纪，共一亿六千五百万年，鼎盛一时。

恐龙属于爬行动物类。在恐龙出现以前，地球上已经出现蜥蜴这一物种，它们的体型虽然不及恐龙，不过相比当时的其他动物，它们占有一定的优势。在恐龙出现之前的一个地质时代——二叠纪时期，爬行动物种类增多，并且外形开始接近恐龙。到了二叠纪晚期，爬行动物开始出现分化的趋势，一个是我们所熟知的恐龙，另外一个就是哺乳动物。

恐龙家族极为庞大并且种类繁多。截至 2008 年 9 月 17 日，恐龙就有 1047 个种。恐龙有植食性、肉食性和杂食性。例如，植食性恐龙有阿根廷龙、梁龙等；肉食性恐龙有棘龙、霸王龙等；杂食性恐龙有似鸵龙等。恐龙的生活方式具有多样性。大部分生活在陆地，比如中华盗龙、恐爪龙等；生活在海洋里的如沧龙、克柔龙等，它们多无四肢，但具有长在身体两侧便于游行的鳍；可以在天空中飞翔的有蓓天翼龙和喙嘴龙，它们多无强壮四肢，但具有便于天空中飞翔的翅膀。

图 2-19　不同种类的恐龙模拟图（A：霸王龙；B：阿根廷龙；C：似蛇龙；D：中华盗龙；E：沧龙；F：翼龙）

　　恐龙整体体型庞大，这是因为当时地球环境保持长时间的稳定与湿热的缘故，蜥脚下目更是其中的巨无霸。在漫长的恐龙时代，最大的蜥脚类比任何出现在地表的动物都要大出几个等级，例如，梁龙身长 33.5 米，而超龙身长 33 米；最高的恐龙是 18 米高的波塞东龙，头部可以达到 6 层楼的窗口；双腔龙的重量仅次于罕为人知的巨体龙，据说巨体龙的体重可能达到 175 ～ 220 吨。但也不乏体型较小的恐龙，据记载，体型最小的恐龙与现在的鸽子差不多大小。

　　巨大的体型可能有以下几个优点：食物范围增大，可以吃到更多的食物；防御能力增强；因为食物在体内的时间较长，其消化效率可能更高，因而可以以较低营养价值的食物来维持生存。

　　后来，随着一些有羽毛恐龙的化石的发现，例如始祖鸟、合踝龙，以及这些恐龙和鸟类在颈部、耻骨、腕骨、手臂、肩带、叉骨、龙骨等骨骼的共同特征，在 20 世纪 70 年代，约翰·奥斯特伦姆重新提出鸟类演化自恐龙的理论，并且逐渐得到了更多人的支持。因此，恐龙可能是现代鸟类的祖先。

恐龙独特的体型优势和数量，使其独霸一方。但往往事情总是没有那么顺利，到了白垩纪，第五次生物大灭绝来临。化石证据显示，恐龙在短时间内全部灭绝。有科学家提出小行星撞击地球导致恐龙灭绝的理论，无与伦比的撞击力立即在地球上引发了巨大的爆炸，顿时，无数的生命被摧毁，生机勃勃的自然界不复存在。但是也有科学家提出了不同观点。对于恐龙灭绝的原因仍存在争议，需要更多证据去解释。

人类诞生

关于人类的起源，有神创论、外星生物创造论和进化论三种学说。神创论和外星生物创造论很明显缺乏理论依据，因此不予多提。进化论则最先由达尔文提出并于《物种起源》一书中进行了系统的阐述，认为人类起源于类人猿，人类是从灵长类动物经过漫长的进化过程一步一步发展而来。

在第五次生物大灭绝发生时，由于灵长类体型较小，活动灵巧，当灾难发生时，它们能够迅速逃开并找到地方躲避，因此它们是大灾难下幸存的胎盘哺乳动物之中最古老的一群。灵长形类是灵长动物的一个分支，包括了更猴目和灵长目，更猴目动物可能是所有灵长目动物的祖先。经过 3000 万年的进化过程，进化出了猴总科和人猿总科。人猿总科则包括长臂猿科和人科。

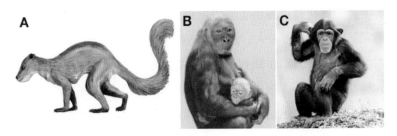

图 2-20　灵长目部分物种模式图（A：更猴模式图；
B：皮尔劳尔猿模式图；C：黑猩猩）

　　约 1500 万年前，人科从长臂猿科分离出来。到了 1300 万年前，猩猩亚科分离出了人亚科。皮尔劳尔猿与人、猩猩一样对爬树有特殊的适应能力，拥有宽而平的胸腔、挺直的脊椎、可弯曲的手腕以及靠在背上的肩胛骨，因此认为它是人和猩猩的共同祖先。在漫长的进化过程中，人族被分离出来。人族下的黑猩猩亚族中的黑猩猩和倭黑猩猩与人类具有较高的基因相似度，和人类有共同祖先。从演化的角度看，是现存生物中与人类最近的姊妹种，黑猩猩跟人类基因组的相似度高达 98.8％。

　　在 250 万年前，人属出现，并演化出了能人。后来石器出现，旧石器时代早期开始。我国发现的北京猿人以及蓝田猿人、元谋猿人、巫山猿人等属于直立人，与能人相比，直立人的脑容积较大（约为 800 ~ 1300 立方厘米），前额没有那么斜，牙齿的体积亦较小。直立人的特征与现代人的相差不大，其脑容积约达智人的 74％，平均高度约有 160 厘米。直立人已经能够直立行走并且制造石器，是旧石器时代早期的人类。

　　随后，逐渐发现了尼安德特人、海德堡人等的化石，这些都为人类的进化过程提供了有力证据。后来在非洲发现的位于现今埃塞俄比亚的长者智人。他们生活在 16 万年前的非洲，头骨的形态上介于现代人和早期智人之间。他们已经具有了相当多的现代人特征，例如，成年人头骨有着大的球形颅骨、扁平的脸等，但也有一些比较原始的特征，例如枕部较为弯曲、眉脊突出等。这时他们有了丧葬仪式，并学会了宰杀河马。因此，科学家将其划分为智人的一个新型亚种，称为长者智人。

在人类进化的途中，直到 1.2 万年前，智人，即现代人成为了人属中唯一存活的物种。与其他动物相比，人具有相对发达的大脑，能进行复杂的计算并具有抽象思维。相较于地球的年龄，人类还很年轻，未来还将有无限可能创造和改变世界。

图 2-21 人属的演化过程示意图

思考 ?

> 1. 寒武纪时期，空气中的氧气含量为什么会有变化？可能是什么原因呢？
>
> 2. 植物登陆后初期，是如何进行繁殖的呢？
>
> 3. 是什么样的环境使一部分无脊椎动物的眼部退化，最后演化成多足动物？
>
> 4. 恐龙是如何睡觉的？
>
> 5. 人类从直立人开始到最后的智人，脑容量是增大还是减少了？

人类的起源与进化

传说在很久很久以前，天和地还没有分开，宇宙间一片混沌，就像个很大很大的鸡蛋。大鸡蛋中孕育着一位神灵——盘古。盘古不满意这个混沌的世界，用一把斧子不停开凿，经历了一万八千年的努力，将这个世界劈成了两半。原本混沌中的轻而清的东西渐渐上升，变成了天；一些重而浊的东西慢慢下降，变成了地。盘古脚踏着地，头顶着天，用自己的身躯撑开天和地，使它们不能再混到一起。天每天升高一丈，地每天加厚一丈。又过了 18000 年，天已经极高，地已经极厚，天地已经稳固不再变化，盘古筋疲力竭而亡，他的呼吸变成了风和云，他的声音变成了雷霆，他的左眼变成了太阳，右眼变成了月亮，他的四肢和躯干变成了东西南北和山川以及极远之地。在中国古代神话中，盘古用自己的全部创造了天地以及适合人类居住的自然环境。

虽然盘古创造了天地和世界，但并没有创造人类。在中国的神话体系中人类是由上古第一女神女娲创造。女娲又名女娲氏，俗称女娲娘娘，可以化生万物，也被称为"大地之母"。相传女娲以泥土仿照自己造人，是她创造了人类并构建了人类社会，又替人类立下了婚姻制度，使得人类能够繁衍后代，是人类的母亲。

当然，神话故事只是人们在认知有限的情况下进行的想象与猜测，随着现代科技及考古学、生物学等的发展，人们在探究人类如何起源和进化的问题上有了更为科学的认识。

东非大裂谷

东非大裂谷位于非洲东部，是一个在 3500 万年前由非洲板块的地壳运动形成的地理奇观，纵贯东非的大裂谷是世界上最大的断裂带。当乘飞机越过浩瀚的印度洋进入东非大陆的赤道上空时，从机窗俯视，东非大裂谷像是地面上一条硕大无比的疤痕。这条疤痕的长度相当于地球周长的六分之一，气势宏伟，景色壮观。

据地质学家考察认为，这里处于非洲板块和印度洋板块交界处，大约 3000 万年前，由于两个板块张裂拉伸，使得同阿拉伯古陆块相分离的大陆漂移运动而形成这个裂谷。那时候，这个地区的地壳处于大运动时期，整个区域出现抬升现象，地壳下面的地幔物质上升分流，产生了巨大的张力，正是在这种张力的作用下，地壳发生大断裂，从而形成了大裂谷。

20世纪50年代到70年代，考古学家曾在东非大裂谷中发现了200万年前、290万年前的人类头骨。此外，1975年，考古学家又在坦桑尼亚和肯亚交界处挖出了350万年前的人类遗骨，以及足迹化石，引起世人瞩目。这是目前为止发现最古老的史前人类的证明，所以东非大裂谷可能是人类文明最早的发源地。

图2-22 东非大裂谷示意图（上左）；東非大裂谷北部的叉形（上右），图片中央是埃及西奈半岛，上方是死海和约旦河；东非大裂谷壮观的景色（下）

到目前为止，学术界关于人类起源的见解仍不相同。经过上百年的研究和争论，目前大多数科学家认同人类起源于非洲。非洲大陆曾经发生过剧烈的地壳变动，形成了巨大的断裂谷（即非洲大裂谷）。这条南起坦桑尼亚，向北跨越整个东非，一直到达巴勒斯坦和死海，长达 8000 千米的断裂谷两侧的生态环境因此发生了巨大的变化，生活于当时森林环境中的森林古猿也面临着迥异的生存环境。仍旧生活在旧森林环境中森林古猿，由于生活环境没有发生剧烈变化，逐渐进化成现代的类人猿；生活在断裂谷东部高地的森林古猿，由于森林减少，不得不经常从树上下来寻找食物。由于身体结构的变异和环境的改变，逐渐形成了利用下肢行走的习惯，从而在以后的漫长岁月中获得不一样的发展机会并逐渐发展为古代人类。

近些年分子遗传学的发展对于我们寻找祖先也提供了不少帮助。人类的进化是可以在人类的 DNA 中留下痕迹的。DNA 记载了人类的结构、信息，也同样是 DNA，把这些信息代代相传。一个被普遍接受的理论认为，在传递过程中，DNA 会发生微小的变化，经历的年代越久远，DNA 的变化就越多。根据这个理论，比较不同物种的 DNA，就可以了解不同物种之间的关系，比较同一个物种内不同群体之间的 DNA，就可以了解这些群体之间的关系。具体来讲，科学家发现非洲人的 DNA 多样性远远大于欧亚人种。简单来讲，随机抽取两个非洲人，在 10000 个基因序列中两人中有 6 个是不同的，而在欧亚人种 10000 个基因中只有一个基因是不同的。为什么呢？因为在 6 万年前，欧洲人只是非洲人一个很小的分支，所以他们之间基因的差异会小于非洲人之间基因的差异。

以上多种证据表明了非洲是人类的家乡。

走出非洲

现在人类遍布全球各地，如果人类起源于非洲，那么人类必定经过了复杂的迁徙过程才走到世界各地。简单来讲，人类走出非洲的过程，可以分为两个阶段，第一阶段是直立人，第二阶段是现代人。

直立人，就是两脚站立，直立行走的人类，是继南方古猿后又一个重要的人类进化点。距今大约100万年～200万年的直立人，也是古人类第一次走出非洲大陆，足迹遍布亚欧大陆，但是限于能力，他们没有到达隔海相望的美洲和澳洲。对于直立人，我们有很多熟知的名字，比如元谋人、蓝田人、北京人，或是最早被发现的爪哇人，还有欧洲的海德堡人和他们的后代尼安德特人都属于同一进化阶段的古人类。

直立人再逐渐进化成为智人。智人，拉丁文原意为聪明的，智人的脑容量变得更大，且发展出更细致的石器制作技术，体质特征上和现代人已经没有明显差异。最早的智人大约出现于25万年前，地点仍然是东非。在中国，最著名的智人化石是山顶洞人，年代距今约为3万年前。

智人如果也起源于非洲，那么他们又是如何迁徙到世界各地的呢？北京的智人也是从遥远的非洲迁徙过来的吗？现在的主流学说是支持这一观点的。人类的单地起源学说认为，早期的智人，只有在非洲演化成为了现代人类。一支非洲智人在距今 12 万年到 6 万年间离开非洲向全球扩散，经过数万年的时间，替代了先前存在于非洲以外的早期人类群体，如尼安德特人和亚洲的直立人。这一学说直到 1980 年前还只是推断性质的。随着分子生物学的发展，科学家对人类 DNA 的研究成果揭示了这个假说的正确性。

此外，还有一种学说与人类单地区起源学说相反，即人类多地区起源学说。该学说认为世界各地的现代智人是由 200 万年前扩散到亚欧大陆的直立人分别进化而来的，尤其是在中国的考古界，持有这个观点的学者特别多。由于除了非洲，中国发现的古人类化石也大致上是连续不断的，并形成了一个近乎完整的人类进化系统。因此，有相当数量的中国古人类学家认为现代中国智人是独立起源于在中国的直立人的。但是自 1988 年以来，中国的遗传学家们也陆陆续续发表了一些关于中国人 DNA 与中国人起源的论文，通过检测，现代中国人的 DNA 样本全部起源于非洲。

由于这些 DNA 研究的确凿证据，现代人类仅仅从东非起源并逐渐迁徙到世界各地的观点，已是世界科学的主流。

泥河湾——东方人类的故乡

1921 年，法国天主教神父文森特在阳原县泥河湾村发现了中国最古老的野牛头骨化石之后，泥河湾便很快引起世界古地理学、古生物学、古人类学、古环境学以及旧石器考古学家们的高度关注。

泥河湾位于河北省张家口市阳原县桑干河畔，具有被公认为"世界人类及其文化起源中心"的泥河湾遗址群。该遗址群东西长

82 千米，南北宽 27 千米，具有国际地址考古界公认的第四世纪标准地层以及丰富的哺乳动物化石和人类旧石器遗迹而闻名于世，在国内和国际上享有很高的地位。

在 200 多万年前，这里是一个较大的湖泊。湖泊的周围是古动物的世界。后来，湖水干枯，湖底裸露，由于河流的侵蚀作用，干枯的"古湖平原"变成了丘陵、台地、盆地，泥河湾盆地就是其中之一。此时，盆地周围的山地森林密布，气候温暖潮湿，野生动物密集，同时也是古人类理想的生活场所。早在 20 世纪 20 年代到 30 年代，中外科学家就在这一带发现了许多双壳蚌化石和哺乳动物化石。中华人民共和国成立后，我国地质及古生物工作者多次到这里进行考察，发现了数以百计的动物化石，又发现了许多旧石器时代文化遗址。从 100 多万年前到 1 万年前旧石器时代早、中、晚期每个阶段的遗址都有，且内容十分丰富。其中百万年以上遗址就有 18 处，这在世界上是独一无二的。考察发现证明，泥河湾遗址是寻找早期人类化石的一处重要地区。河北省考古工作者把泥河湾遗址称为"旧石器考古的圣地"。一些考古工作者提起泥河湾时，都说"那里遍地都是宝"。

据考古证实，迄今为止，全国 100 万年以上的旧石器时代遗址有 30 处，而泥河湾流域就有 25 处之多，占全国的 83％。纵观全国旧石器、新石器遗址情况，除了泥河湾遗址外，其他地方有早期遗址的无晚期遗址，有中晚期遗址的又无早期遗址。有早期遗址无中晚期遗址，说明古人类在此不是被无情的大自然淘汰，就是无法适应后来的环境而离开；有中晚期遗址无早期遗址的，明确地告诉我们，这里的人类是从别处迁徙而来。唯有泥河湾遗

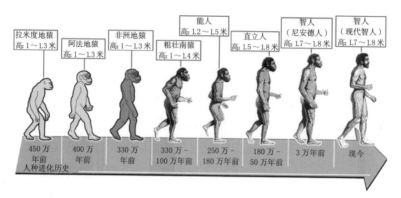

图 2-23　人类的进化

址区保留了完整的人类进化的发展序列。

　　在我国人类起源史上，泥河湾作为中华民族的起源被载入史册。距今 100 万年 ～ 300 万年前，人类已经出现在中华大地上。我国云南、陕西、河北已经发现这一时期直立人化石和文化遗存，最北一处是张家口市阳原县小长梁。2001 年 10 月，该处出现了

图 2-24　泥河湾遗址出土的石制品

人类进餐的遗址，经过有关专家确认距今约 200 万年，是迄今为止在东亚地区发现的最早具有确切地层的人类活动遗址。因此，泥河湾被誉为"东方人类的故乡"。

周口店北京猿人

北京猿人于 25 万年前至 40 万年前生活在北京周口店地区，属于直立人。北京猿人还保留了猿的某些特征，但手脚分工明显，能制造和使用工具，会使用天然火。在森林茂盛、野草丛生、野兽出没的恶劣环境中，北京猿人已经可以制作粗糙的石器，也会把树枝砍成木棒作为武器，他们凭着极原始的工具同大自然抗争，艰难生存。在这样的环境里，只靠单个人的力量，无法生存下去。因此，他们往往几十个人住在一起，共同劳动，共同分享劳动果实，过着群居生活。

北京人遗址是世界上出土古人类遗骨化石和用火遗迹最丰富的遗址，具有世界上关于直立人的内容最丰富、最齐全的资料。北京人遗址处发现五个比较完整的北京人头盖骨化石和一些其他部位的化石，还有大量的石器和石片，共 10 万件以上，有些学者认为，当时的北京人已会制造骨角器。

除狩猎外，北京人还食用野果、嫩叶、块根以及昆虫、鸟、蛙、蛇等小动物。在北京人住过的山洞里有很厚的灰烬层，最厚处达 6 米，灰烬堆中有烧过的兽骨、树籽、石块和木炭块，这表明北京人已经会使用火和保存火种。此外，研究还发现，北京人寿命很短，大多数人在 14 岁之前就死了。

50多年来，中国考古学家先后在云南元谋、陕西蓝田、安徽和县等地发现了60多处古人类化石地点以及千余处旧石器时代文化遗址。一部分中国学者认为，从以北京猿人为代表的直立人到现代中国人，中间没有间断，是河网状不断推进附带少量杂交而来的，因此中国的现代人起源于本土的早期智人。但是该观点受到如今兴起的分子人类学证据的挑战，分子人类学认为亚洲大地上的古人在非洲人到达后出现了大部分的灭绝。

相对于地球漫长的进化过程，人类的存在还非常短暂。人类只是地球漫长进化过程中的一个时期的生物，虽然我们现在统治着地球，在地球上占据着霸主地位，甚至改变了地球上很多环境，使我们能够更好地生存。我们也可以想象，随着地球呈现不同的阶段性，未来地球将不断发生变化，而我们想要以现在的科技水平完全改变地球是不可能的。反过来想，我们人类想要进化成为更高级的文明也存在着很多的困难，所以现代很多科学家都在探索宇宙中是不是还存在适合人类生存的星球。

纵观地球历史，很多动物都曾称霸地球最终却又灭绝，地球上的生命存在着周期性，自然的力量强大而神秘。我们人类克服了重重困难，适应了各种严峻的环境，在同多种动物的竞争中脱颖而出，不可否认，我们拥有强大的智慧。虽然我们拥有着高超的智慧，灿烂的文明，发达的科技，但也要时刻对自然保持敬畏之心，爱护我们的星球，爱护我们赖以生存的环境。

1. 人类在进化过程中，有很多不同的进化方向，人类为什么会选择某一种进化方向？这个选择是由什么决定的呢？基因对于进化方向的决定作用大，还是环境对于进化的作用大？

2. 与古人类相比，现代人类哪些地方发生了明显的变化？这些变化对于人类的生活具有哪些优势？

3. 我们人类不可或缺的自然条件包括什么？你觉得除了地球以外，宇宙中还可能存在适合人类居住的星球吗？如果有？这个星球大概是什么样子的？

4. 你想过有一天地球上的人类有可能像恐龙一样灭绝吗？如果人类将来有一天会灭绝，你觉得可能是因为什么？如何从自身做起爱护我们的地球？

第 3 章

地球环境

"当我乘坐飞船在地球轨道上运行时，我为地球的美丽而惊奇。"

——尤里·加加林

地球宜居性

只有一个地球

当我们仰望浩瀚无垠的星空，是否曾经内心都有过这样一个疑问：宇宙中到底有多少颗星星？这是一个无人能准确回答的问题，因为宇宙实在是太广袤了。就银河系来说，仅恒星就有 2000 多亿颗，而每颗恒星理论上又至少有一颗行星围绕在侧。天文学研究表明，宇宙中类似银河系的星系是数以千亿计的。人类的触角毕竟有限，我们所掌握的现代观测技术能企及的范围也不过是全宇宙的冰山一角。所以，从行星的身份来说，地球当然不是特别的，更不可能是唯一的。

然而，地球的无与伦比之处在于，它是太阳系中唯一拥有大量流动水资源的行星，因而也是太阳系中唯一的"生命之星"。长久以来，人类不断尝试在其他行星上寻找生命迹象。但目前为止，除了地球，我们还没有发现第二颗星球有生命存在。地球是已知所有生命的唯一居所，孕育且庇护着约 870 万种独特的生物。

地球宜居的外部环境

当我们试图确认除地球以外，太阳系或更深宇宙中的其他行星上是否可能有生命存在前，首先要弄清一个问题：生命的存在需要些什么？事实证明，生命其实只需要三样东西。

首先，所有的生物都需要光和热。复杂的生命体，如人类，需从太阳那里获得能量。而深海或地底的生物则只好通过别的方式，如化学反应。不必担心，所有星球上，都有各自获得能量的方式。

其次，生物需要食物和养分。这看似更复杂一些。但实际上生命所需的全部营养元素都只基于 6 种元素。而这 6 种元素，太阳系的每颗星球上都可以找到。

最后，还有一个看似最简单却也是最难得的条件——水。更确切地说，是液态水。固体或者气态的水都不足以作为生命的前提。太阳系的许多天体上根本没有液体水，所以就不在讨论范围之列。而有一些太阳系天体上可能有充足的液态水，甚至比地球上的更多，但那些水被阻隔在厚厚的冰层之下，因此很难触及或被进一步利用，所以即使那里有生命存在，我们也难以探知。

简而言之，当我们想确认一个天体上是否存在生命，首先要看星球的表面是否存在液态水。我们身处的太阳系中只有三个天体可能具备拥有液态水的条件。按照距离太阳的远近，分别是：金星、地球和火星。

为了让水保持液态，行星外面需要有一个大气层，对其属性要求也比较苛刻，须厚薄适中、冷热适宜。如果太热，就可能像金星一样，无法保持液态水。如果大气太稀薄，如像火星那样大气压仅为地球的 1%，平均温度为零下 53℃，也自然无法保持水的液态。由此可见，金星太热情，火星又太冷漠，只有地球刚刚好达到完美的平衡。

图 3-1　海盗号探测器拍摄的火星地表河床，提示火星表面曾有大量液态的水存在

　　然而，万事万物并不是一成不变的。行星也时刻在变化、在发展，围绕它们的大气层也同样如此。例如，目前已有大量直接或间接证据表明火星表面曾经存在过丰沛的液态水，经过成千上万年的冲刷侵蚀，在地表形成了独特的印记。

　　由此可见，古代火星表面的大气层，其物理特征与现在有巨大的差异。曾经火星可能也处于我们认为适宜生命存在的状态。因为它也具备了上述三个生命存活的基本要素。

　　问题是，那个曾经可维持液态水的大气层去了哪里呢？

　　一种观点是大气逃逸到了太空。大气粒子获得了脱离星球重力束缚的能量，逃逸到太空并再也无法回来。这种情况在所有存在大气层的天体上都有可能发生。例如，美丽的彗星尾巴就是大气逃逸的一种直观表现。金星、地球同样有正逃逸的大气层，只是逃逸程度和规模的问题。因此，如果我们能计算出这种逃逸的速度，便可以对这种变迁过程进行推测和解释。

大气粒子如何获得足够的逃逸的能量呢？简单概括有两种方式：一是从太阳的热能中获得。太阳发出的光被大气层吸收，大气粒子被加温，继而获得了突破星球重力约束的能量。二是从太阳风中获得。太阳表面持续散发着的各种粒子和物质，以 400 千米 / 秒的速度，在星际空间中朝着行星和大气层飞驰。它们也会为大气粒子的逃逸提供能量。

至此，显然行星与太阳的距离与生命的有无有着密不可分的关联，恰如上文所说，金星、地球、火星，其地表温度逐一递减，地球位于两者之间，是最适宜生命存在的环境。然而这一切仅仅是由于它们与太阳的距离不同吗？当然，距离影响了大气层的状态，由此也成了生命宜居性的一个重要决定因素。但是不是还有其他需要考虑的因素呢？行星自身在这其中又扮演怎样的角色呢？

地球宜居的内部环境

地球这颗奇迹之星，自身有哪些与生命存在息息相关的环境特征呢？

地球的地幔存在"对流"现象。"对流"是什么概念呢？想象一下，桌上有杯热茶，表面与空气接触，故而最早冷却下来。而杯底的茶虽然没有接触到外部空气，但由于茶的表面先冷下来后，内部出现了温度差，热量便会不断从更热的部分往温度低的部分传递，最终整杯茶都会凉下来，达到一种平衡。地球也是类似。在我们看不见的地球内部，时刻进行着影响万物栖息的运动

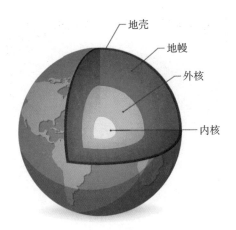

地壳
地幔
外核
内核

图 3-2　地球主要的内部结构

及变化。地幔"对流"及其所带动的物质循环就是这种基于不平衡而产生的动态变化。物质循环是指生命所必须的水、碳等物质在地球内部与表面之间进行的循环交换。

碳元素主要以二氧化碳的形式存在于大气中。我们知道，二氧化碳含量过高会引起温室效应，使地表温度升高（如金星表面400℃以上的高温）；相反含量过低，地表寒冷，则水的液态无法维持，地球将变成一颗冰冻的星球。所以对生命而言，二氧化碳的浓度平衡攸关存亡。

在维持这一平衡的过程中，板块运动发挥着重要作用。板块是指地幔层以上坚硬的岩石层，板块的下沉及互相挤压在引发火山喷发及地震等的同时，大量的二氧化碳被释放到大气中。而板块运动的原动力，就是上述提到的地幔对流。

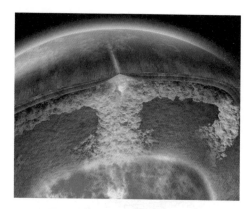

图 3-3　地幔对流引起的火山喷发

　　另一点是地核的运动。地核看似离我们更遥远，但其运动所产生的地球磁场却对维持生命环境的稳定起着举足轻重的作用。地幔层的活动不仅影响了地球表面，更重要的是引发了深部地核的对流，继而产生了一种特殊的物质——磁场。这是一种电荷驱动旋转的流体，存在于地球的内外空间，是巨大又十分古老的存在。

　　上文中我们比较的三大行星中，金星与火星都没有磁场。我们知道，指南针就是利用了磁场的作用。所以如果你在那两个星球上使用指南针，那很遗憾，你注定会迷路。

　　磁场这一独立而特殊的属性，究竟是怎样影响到星球宜居性的呢？

　　有些科学家认为，行星的磁场为大气层提供保护。磁场影响带电粒子，从而能改变太阳风粒子的运动方向。很有可能正是由于地球存在磁场，数十亿年来我们的大气层得到了有效的保护，从而避免了大气的过度逃逸。而火星却没有受到这样的保护，可能正因如此，数十亿年后，火星大气大量逃逸，使它变成了没有生命栖居的星球。

驻守的大气层，也成功保护了地球生物免受太阳风中高辐射宇宙射线的影响。这道保护屏障，被认为是深海生物得以向浅海迁移进化，植物光合作用进一步发展，使地表氧气含量逐渐增加的前提条件之一。

有科学家认为，磁场就好比帆船的风帆，通过招揽太阳风获得的能量，甚至比地球自己产生的还要多。

可能你有疑惑，吸收了更多的能量不也有可能使更多的大气逃逸吗？的确如此，所以这一设想还有待进一步验证。但这种假设的影响和原理显而易见。因为我们已经知道，太阳风中的能量会被存储到地球的大气中。这些能量随着磁场被导入地球的两极，形成了绚丽无比的极光。如果你有幸体验过，那景象可谓梦幻壮丽，令人永生难忘。

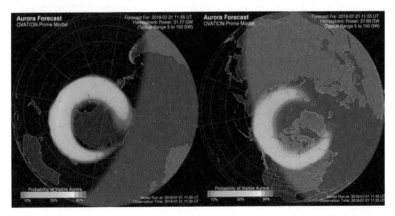

图 3-4　南北极的极光强度及位置预报，左下方色度条中越靠近红色，代表地表能见度越高

能量正在源源不断的进入，与此同时，科学家也试图测量有多少粒子跑了出去，以及在此过程中磁场发挥了怎样的作用。关于这些，我们还没有得到明确的结论，但科学家正不断派遣探测器前往不同的行星收集有关磁场变化以及大气逃逸的数据。通过对比，我们将会得到更全面的解释，并对地球独特的宜居性有更深入的认识。

生物大灭绝

生物大灭绝，又叫生物绝种，是指大规模的集群灭绝，整科、整目，甚至整纲的生物在很短的时间内彻底消失或仅有极少数存留下来。幸免于难的类群以及新诞生的物种开始繁盛。大灭绝通常会破坏地球原有的生态系统，改变生物群组成、群落结构和生物地理区系，故而是生命演化过程中最重要的事件之一。

在地球 5 亿年生命史中，发生过 5 次由全球大灾变所引发的生物大灭绝，分别在奥陶纪末、泥盆纪晚期、二叠纪末、三叠纪末和白垩纪末。它们的共同特点是：三分之二以上物种消亡，时间短（百万年内），全球性，影响多数门类，重创群落结构，改变生物地理格局。据科学家推测，98% 以上诞生于地球的生物已经灭绝了。大灭绝的发生呈现周期性，大约 6200 万年 ～ 6500 万年就会发生一次，且对动物的影响比对陆生植物更显著。

奥陶纪大灭绝是地质历史上五次大的灭绝事件中最早的一次，发生于奥陶纪末期，时间为约 5 亿年前。奥陶纪的地球表面更像金星，氧气含量很稀薄，地面上一片寂静，空无一物。海平面却比如今高几百米，如今的北美大陆大部分都被淹没在海中。海洋中的生物却丰富多彩，例如著名的三叶虫，以及脊椎动物的始祖。关于那次大灭绝的源头众说风云，一种备受关注的解释是当时距地球 6000 光年的一颗恒星爆炸，形成了超新星。在约 10 秒的爆炸里，它释放出的伽玛射线暴，总能量高于 10 个太阳。这些猛烈的射线以光速穿过宇宙，到达地球。这种"死亡射线"瞬间击穿了空气分子，撕裂了稀薄的大气层，无可避免地导致了史上第一次生物大灭绝。

图 3-5　伽玛射线轰击地球的模拟图（图中以浅蓝色描绘的伽马射线实际上是肉眼不可见的。棕色部分是射线将大气层耗竭后，形成的二氧化氮层）

　　第二次大灭绝发生在泥盆纪晚期。确切地说，这并不是单次事件引起的大灭绝，而是延续了数百万年，最终导致地球上约四分之三的生物灭绝。其中最受影响的是浅海生物。生机盎然的珊瑚礁变得一片荒凉寂静，直到约 1 亿年后进化出新的珊瑚种类，才逐渐恢复昔日的繁荣。

这次大灭绝的原因多样，海平面的升降，小行星的影响等都被认为是相关因素。公认的解释之一是：泥盆纪维管植物大量进化，这些植物的强壮根系能穿透坚硬的岩石，继而产生大量富含有机养分和矿物质的土壤。后来由于海平面的上升，它们被淹没，成为取之不尽的藻类食物来源。富足的养分使藻类大量繁殖，遍布绝大部分海域。藻类死亡后又被细菌分解。分解这些数量惊人的残骸，几乎耗竭了海水中的氧气，为海洋生物带来了灭顶之灾。

图 3-6　海洋藻类

距今约 2.5 亿年的二叠纪末期，发生了有史以来最严重的生物大灭绝，超过 96％的海洋生物和 70％的陆地生物灭绝，昆虫也经历了其历史上唯一一次大灭绝。二叠纪，全球气候温暖，植物蓬勃发展，为陆生动物和昆虫提供了充足的食物来源，因而种类和数量也空前壮大起来。当时占统治地位的陆生动物为羊膜动物。这是一群四足脊椎动物，分为合弓类（也称兽形纲，包含所有与哺乳动物接近的种类）与蜥形类（含爬行动物、鸟类）。

图 3-7　存在于二叠纪的著名合弓纲动物"异齿龙"，虽然常被认为是恐龙，实际却与哺乳动物关系更近，并于恐龙出现前 4000 万年灭绝

　　关于二叠纪大灭绝的持续时间没有统一说法，有人认为延续了数百万年，有人则认为集中于单次灾难事件。至于原因，推测之一是由于地球史上最大规模的火山喷发事件。如今位于俄罗斯西伯利亚的玄武岩区，便是那次事件的遗迹。当时地表有超过 200 万平方千米的土地被熔岩覆盖，大量二氧化碳释放入大气，导致短时间内陆地平均温度上升了 10℃，海洋温度上升了约 8℃。同时大量的氧气被消耗，气溶胶、粉尘使大气层一片昏暗，这严重影响了植物的光合作用，继而食物链崩溃。

　　另外，在澳大利亚地区发现的陨石碎片及陨坑，南极地区的稀有石英矿，提示了此次灭绝的另一个原因——小行星撞击。但科学家认为，如果这真的发生过，行星可能坠落于海洋。因为上述的这些证据分散，且不构成决定性证据。而由于地质运动，每 200 万年海床都会彻底更新一遍，所以真相也许已经被大海掩盖。

经历了二叠纪末期的大灭绝，地球进入了新时期——持续 1.9亿年的中生代，也就是著名的"恐龙时代"。不过在中生代的第一个纪元中，恐龙还没称霸地球，它们还只是在古生代以来最广阔的大陆上，众多新登场的动植物家族之一。大灭绝发生于三叠纪的最后 1800 万年，造成了地球上 76% 的物种的消失。这次灭绝是有选择性的，那些近岸、低纬度和生物礁内的底栖生物比其他生物更易灭绝。它重创了菊石、双壳类、腹足类和脊椎动物等，并使二叠纪末大灭绝幸存下来的某些古生代动物群残余分子最终消亡，但神奇的是，植物在这次大灭绝中似乎没有受到太大的影响。这次事件的地理界定的争议较多，还有大量留存的谜团。火山爆发、温室效应、行星撞击是主要的推测。

约 6500 万年前的白垩纪大灭绝，由于称霸地球长达 1.6 亿年之久的恐龙几近全体灭绝，故而成为最为人熟知的灭绝事件，也成为很多人了解地球历史的契机。据说，一颗直径约 10 千米、重数千亿吨的小行星以 8000 千米 / 时的速度穿过大气层，它燃烧的温度甚至是太阳的 20 倍。如同保龄球击中目标般，在现今的墨西哥尤卡坦半岛地区，它猛烈地撞上了地球，由此引发了巨大的海啸和火山喷发，将植物和动物埋入了地下。撞击造成的巨量沙尘充斥整个大气层，遮蔽了阳光。在暗无天日的环境里，生物能量的获得受到阻碍，植物的光合作用中断，地表温度大幅下降，使已适应温暖气候的生物大量灭绝。侥幸的是，一部分恐龙得以逃过一劫，并进化成了如今的鸟类。恐龙的灭绝也标志着白垩纪的终结。

大灭绝淘汰的不仅是一个个物种，更重要的是杀灭了这些有

图 3-8　白垩纪小行星撞击事件假想图

可能演化出新种及其后裔的整个支系。大灭绝使生物圈原先的生态平衡被基本或彻底打破，使原有的优势类群（如恐龙）衰落消亡，新的优势类群（如哺乳动物）蓬勃发展，这大大加快了固有的演化、古老的演化生物群消亡和新的演化生物群辐射的速率，使生命演化的过程和轨迹发生重大变更，演化趋势出现重大转向，对地球上的生命演化产生了深远的影响。虽然显得残酷，但假如大灭绝未曾发生，某些类群便不可能得到发展的机会，漫长的地球历史和今日的生物群貌会面目全非。试想一下，恐龙灭绝事件中，若再有 30 秒的时间差，那颗重量级的小行星便与地球擦肩而过。如果真是那样，当今的地球又将是怎样一片面貌呢？也许恐龙依旧是自然界的霸主，而人类的绚烂文明或许就此错过登场的机会。

人类会灭绝吗

达尔文曾说，地球上幸存下来的生物不是最强壮的生物，也不是最聪明的生物，而是最能适应变化的生物。行星撞击地球这样的天灾，发生的概率毕竟是小的，那在相对安稳的年代，可能导致生物灭绝的危险因素又有哪些呢？

如果你曾经读过小说《爱丽丝梦游仙境》，或许对其中指挥大家跑着圈晾干衣服的那只拄着拐杖的大鸟还有印象。那角色的原型就是著名的渡渡鸟。这种原产于印度洋毛里求斯岛上的不会飞、外形呆萌的鸟类，是鸽子的近亲。不幸的是，在 1598 年首度被记录后的仅仅 60 余年时间里，由于人类的疯狂捕杀和栖息地遭破坏，渡渡鸟的数量急剧减少，并于 17 世纪 60 年代前后彻底绝灭。它是人类历史上第一个被记录下来，因人类活动而绝种的生物，因而也成为除恐龙以外，最著名的已灭绝生物之一。

图 3-9　美国自然历史博物馆中展出的的渡渡鸟模型

由此可知，如果要大量繁衍，降低灭绝的风险，生物需要有中等或偏小的体型，较大范围的食物谱，足够大的活动和生活范围，也许最重要的是，没有被捕猎者赶尽杀绝的"致命吸引力"。显然，人类满足这些条件，所以理论上将得以长久生存。

除去生物自身的原因，我们也注意到，在漫长的地球生物史中，好几次生物大灭绝并非由于小行星撞击导致，而是因为气候的改变。

让我们再次回顾 2.5 亿年前的二叠纪大灭绝，大规模的火山喷发导致大量的熔岩覆盖地表，二氧化碳气体向大气喷涌而出，造成附近海域水温高达 40℃以上。40℃对人类来说，洗个 10 分钟的淋浴还是很舒适的，可是每天都浸泡在这样的热水里就很不妙了。这次历史上最严重的大灭绝，连统治海洋长达 3 亿多年的三叶虫都没能熬过去。由此我们知道，二氧化碳浓度过高导致的环境温度上升也可能造成生物大量灭绝。

温室效应又称大气保温效应，是大气中的多种温室气体吸收地表辐射的热能，维持地球表面稳定温度的现象。这原本是一个中性的概念，对生命的存在有重要意义。但自工业革命以来，由于人类活动释放大量的温室气体，使得大气中温室气体的浓度急剧升高，造成温室效应日益增强，科学家把这种人为活动引起的温室效应称为"增强的温室效应"。每年人类开采矿石资源，燃烧石油、煤等燃料，大量砍伐原始森林等都向大气释放了大量的二氧化碳。科学家预测，到 2100 年全球平均气温将有 50％的可能会上升 4℃。届时地球南北极的冰川就会融化，海平面上升，城市以及大量的陆生植物被淹没进海中，海水的氧气也将进一步被消耗……听起来是不是很熟悉？地球环境的改变并非一朝一夕。但别忘了，过去的生物大灭绝也要进行数百万年，我们如何能肯定，地球不是在悄然经历着"第六次生物（显然包括人类）大灭绝"呢？

最后，我们不能回避另一个重要问题，就是科技进步对人类生存的影响。

近年来，英国牛津大学人类未来研究所的科学家在研究一个充满危机感的课题：眼下对人类生存的最大威胁究竟是什么？毕竟从原始社会的饥荒、洪水，到现代两次世界大战，都没能阻止人口数增长的势头。如果爆发核战争呢？其实只要部分人口幸存下来，仍旧能维持物种的繁育。

对此，牛津大学的科学家认为，最大的威胁是"失去控制"。他们提到当今最热门的三个领域：合成生物学、纳米科技以及人工智能。

合成生物学涵盖了基因工程、生物信息等众多学科，其妙处是可以集合各学科之所长，尝试更深层面的生物学探索及人为创造，并期待获得更多医学的获益。但也有科学家担心，某些技术若凌驾于一些自然的生物学法则之上，会催生出一些不可预见的后果。曾被誉为"基因魔剪"的 CRISPR 技术，因其高精确度和快速的特点被无数人看好，希望它能为基因治疗带来新曙光。然而，随着各种试验的开展，许多科学家开始质疑这项技术的副作用。最近《自然》杂志子刊报道了在体外细胞实验中，该技术可能错误地剪切非目标基因，而存在人为造成致癌突变的风险。虽然还没有任何证据显示该技术在人体内会有怎样的表现，但这提醒了我们在发展一项造福人类的新技术时，应当对负面后果有预判，谨慎地研究。

同样，纳米层面的研究，为新型材料的合成、新技术的开发打开了无限可能，但如果这些技术被用于军事领域，也可能造成毁灭性的后果。

人工智能已经成为小说电影偏爱的故事题材。这究竟是否能够代表人类智慧的胜利呢？

在40亿年的漫长岁月里，从细微无声到狂野喧嚣，又几经盛衰，地球生命一步步走到现在。而人类的诞生，智慧的积累，科技的进步，让我们缓缓展开生命的这幅宏大画卷，我们将与众多的生命一起在这颗顽强而美丽的星球上续写着延绵不断的崭新历史。

1. 每次大灭绝，总有一些生物能幸运地躲过一劫，究竟是什么原因呢？

2. 造成生物大灭绝的原因有哪些相似的内容？

地球气候

气候与天气

自古以来，天气和气候就是与人类生活密切相关的永恒话题之一。

我们生活在中国乃至世界的各个角落，虽然同在一片天空下，各地却有着迥然不同的气候，并且每天的天气变化也是多姿多样。那么，到底是什么造就了日常的天气变化？现代的天气预报基于何种原理？天气和气候又有着怎样的差别？想要回答这些问题，我们首先需要思考一下，天气和气候变化的本质是什么。

包裹于地球表面的大气层，不仅为地球上的生灵万物提供了不可或缺的氧气，更通过对其中的物质和能量的输运、转化造就了多姿多彩的天气与气候现象。气体流动汇聚成风、水汽凝结集聚成雨，本质上来说，无论天气或气候现象的表现形式多么复杂，其背后的实质总可以归结为物质和能量在大气层中的流转。这里要特别指出的是，即使某时某地的大气层处于相对静止的状态，也可以作为一种天气现象来看待。碧空如洗、微风和煦，同狂风大作、漫天飞雪一样，都是不同天气的表现形式。

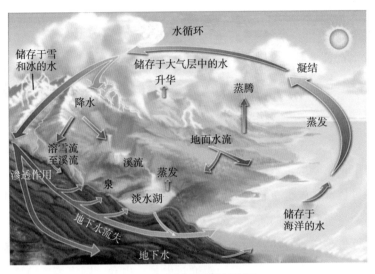

图3-10　大气水循环示意图

　　气候是指温度、湿度、气压、风力、降水量等气象要素在很长时期及特定区域内的统计数据。而天气是指某地上空接近地表区域内的这些气象要素在近两周内的实时状态。

　　通过对上述气象要素的观测，我们可以预测接下来一段时间内的天气变化。而通过对某地天气变化数据的长期统计，我们又可以总结出该地的气候类型。不论是对天气的预测，还是对气候特点的研究归纳，都是指导工农业生产和人民群众生活的有力武器。近代以来，随着雷达技术、卫星技术以及计算机技术的进步，人类不光能从地面获知大气层的变化动态，更能从遥远的太空俯瞰广大的地表区域，实现对灾害性天气事件的预防和日常天气的预报。

| 发生 | 发达 | 鼎盛 | 衰弱 |

图3-11　在气象卫星的视角下，台风的一生尽收眼底

　　那么，气象部门是如何进行天气预报的呢？天气预报的实现，简单说就是一个数据采集、分析处理、对外发布、实时修正的动态过程。首先，布置在各地的气象站、观测设施等向当地气象中心上报所监测到的实时气象数据。然后，各级气象中心通过超级计算机系统对这些数据进行模拟计算，从而得出接下来一段时期内的天气变化趋势。之后，再通过电视、电台、网络等各种渠道向全社会发布天气情况。最后，根据最新的观测数据和计算结果对天气预报进行实时修正。

　　决定天气预报精准程度的，无疑是观测数据的数量、精度以及计算能力，当然也包括向社会发布天气信息的通信基础设施等。精准的天气预报背后是一张密布天地的大网，更是综合国力的绝好体现。这张大网包括：地上气象观测站、地面气象雷达系统、

图3-12　地上气象站和地面气象雷达

高层大气气象观测、气象卫星以及数据解析中心等。

数百年前，人类对天气的预报水平仍然依赖于对某些自然现象的观测和总结。"早霞不出门，晚霞行千里。"类似的农谚在世界各地都有所流传，它们从本质上来说，也是近似科学的经验积累。

如今，气象相关技术不断向前发展，天气预报的精准度和有效预测时间在逐渐增加。天气预报时有失准并非是因为气象工作者没有很好地履行职责，毕竟大气运动的复杂性和易变性对于现今的科学技术而言仍然充满挑战。气象工作者为我们的生活生产保驾护航，应该得到我们的理解和尊重。

图 3-13　2005 年超强台风"龙王"的高清卫星云图

雪球地球

通过对某地天气长期变化情况的统计和归纳，我们可以得出某地的气候类型，但是各地的气候类型虽然具有稳定性，却也并非一成不变。那么，如果我们对整个地球过去数十亿年的气候变化规律进行探索，会发现什么有趣的现象呢？

我们对目前全球各地的气候类型加以分类，大致可以按照纬度高低将全球气候粗略地概括为低纬度地区终年炎热，中高纬度地区四季分明，两极终年严寒。然而有证据表明，在地球几十亿年的历史中，曾经出现过三次持续近亿年的异常寒冷期，在此期间，不光是两极地区完全被冰雪封印，就连包括赤道地区在内的全球海洋都完全封冻。从太空看来，此时的地球好比一个巨大的雪球，这就是著名的雪球地球假说。

图 3-14　雪球地球想象图

　　"雪球地球"这个名词由加州理工学院教授约瑟夫·柯世韦因克于 1992 年首度提出。在经历了一系列争议后，该假说得到了哈佛大学教授保罗·菲利克斯·霍夫曼及其同事丹尼尔·施拉格的大力支持和完善。目前，主流学术界已经逐渐倾向于肯定该假说的正确性。

　　如今的地球是一个气候多样、充满生机的蓝色星球，很难想象在它的历史上曾经发生过蔓延到赤道地区的广泛冰冻，并且有证据显示当时赤道部分地区的冰盖厚度居然达到了 3000 米，不逊于如今的两极冰盖。这时的地球，整体平均气温低至零下 50℃，而赤道地区也有零下 20℃。

　　由于洋流对气温变化有缓和作用，当海洋被完全冰封，昼夜温差将非常大。此外水分都被冻结，整个地球极度干旱，雨和雪都无法形成。不过，仍有少量冰直接升华成水蒸气，再于他处凝结，从而完成水分循环。

　　在雪球地球出现的数千万年间，地球上的生物都将经历一场浩劫，广泛的灭绝不可避免。但当马里诺冰期结束的时候，剧烈激变的环境促成了多细胞生物的出现。因此，很多学者都认为雪球地球对生物的进化起到过非常关键的作用。

图 3-15　马里诺冰期结束后随之而来的寒武纪生物大爆发示意图

那么，雪球地球是如何形成的呢？

与陆地相比，海洋的比热容更高，吸收热量的能力更强，因而反射太阳光带来热量的能力更低。而陆地则恰好相反，陆地很容易将太阳光带来的热量重新反射到宇宙空间中。大约 10 亿年前，罗迪尼亚超大陆在赤道附近形成。由于面积广阔，又位于地球上日照条件最好的赤道地区，大量来自太阳光的热能被其反射后散逸，地球开始逐渐寒冷。

图 3-16　罗迪尼亚超大陆示意图

之后发生的板块运动又加剧了这种趋势——罗迪尼亚超大陆在新元古代晚期裂解，在此过程中，大量砂土流入海洋，被侵蚀的陆地上的大量微生物及其尸体被埋入海中。微生物在生存历程和死后的分解过程中，都会产生大量的二氧化碳和甲烷等温室气体。大陆的裂解导致微生物数目发生断崖式下降，温室气体的产生量也大幅减少。

此外，流入海洋的砂土同时还带去了巨量的钙镁离子，它们与溶解于海洋中的二氧化碳结合后生成碳酸盐，导致海洋中二氧化碳含量大幅降低。由于溶解于海水中的二氧化碳本来可以通过析出的方式进入大气，上述的碳酸盐形成过程又进一步降低了大气中二氧化碳的含量。

当地球大气中的二氧化碳含量衰减到不足以维系足够的温室效应，地球便逐渐进入冰期。冰盖从南北极开始生成，并逐渐向中低纬度延伸。由于冰对太阳热能的反射能力要比海洋和陆地都强上很多倍，地球变冷的趋势开始失控，形成了越寒冷就越容易结冰，而结冰越多又会让地球更加寒冷的冰反射灾变。

图 3-17　现代山岳冰川

最终，在雪球地球期间，地球上的陆地和水域均被扩展至赤道的冰盖包覆，冰盖平均厚度达到 1000 米，全球气温骤降 50℃ 左右。在此期间，大量物种灭绝，幸存者基本仅能在低纬度地区的某些未被完全封冻的"绿洲"存活。

这样的冰封时代往往会延续数千万年之久，然而，终归有自然的力量会打破坚冰。在这数千万年间，各处的海底火山都在不断释放二氧化碳气体，这些二氧化碳通过火山运动形成的冰层缝隙释放入大气层，温室效应也逐渐积累，终于，地球回暖，冰盖裂解。大量二氧化碳涌入大气，导致极端强烈的温室效应，最终在短期内令覆盖全球的冰盖迅速消融，海洋和陆地因此重现。

图 3-18　海底火山喷发形成的水下熔岩柱

　　上面描述的情景绝非科幻小说，而是曾经在地球上真真切切发生过的宏大历史。如今，雪球地球假说已经得到了越来越多的证据支撑。

米兰科维奇假说

　　在地球过去的历史中，曾经有过长达数亿年的全球性冰期，整个地球完全被冰盖覆盖。雪球地球的形成与当时特殊的地质条件和生物演化水平相关。原生代末期，最后一次雪球地球时代终结，地球上的生物种类和复杂程度大幅跃升，全球气候再未发生剧烈波动。

　　然而，全球气候并非年复一年周而复始，虽然总体趋势相对稳定，但仍然存在着大冰期和大间冰期的循环。大冰期发生时，全球气候总体维持较低温度，南北半球出现大范围冰盖。看到这里，你一定会想到，如今的南北极不都是大范围冰盖吗？没错，目前的地球确实处于大冰期中，气候学家将这次始于 258 万年前的大冰期称为第四纪大冰期。目前，还无法预计这次大冰期将要持续到什么时候。

大冰期往往延续上亿年之久，在此期间，实际上还存在着相对寒冷的"冰期"和相对温暖的"间冰期"。在冰期中，大陆冰盖向赤道延伸，而在之后随之到来的间冰期，全球气温回暖，冰盖向两级收缩。如今的地球正处在一次开始于 1.14 万年前更新世末期的间冰期。

过去的 40 万年间，冰期和间冰期规律性地交替变动，呈现明显的规律性。到底是何种原因导致了这样的结果，目前仍然没有确切的结论。不过，大部分学者倾向于支持米兰科维奇于 20 世纪 30 年代提出的假说。那么，米兰科维奇假说到底是怎样的一套理论呢？

由于冰川的发达程度直观地代表了地球所处的时代是冰期还是间冰期，米兰科维奇从这一角度出发展开了他的思考。

首先，怎样的条件会让冰川更加发达呢？米兰科维奇分析认为，和冬季的气温相比，夏季的气温对于冰川的成长更为关键。其中的原因不难理解，冬季时的气温已经大幅低于水的凝固点，在此基础上继续降温并不会对冰川的发育起到很大作用。然而，夏季时微妙的气温变化就会对冰川规模产生巨大的影响，温度上升 1℃就可能让冰川夏季的溶解量增加几十个百分点。

图 3-19 北极永久冻土夏季解冻时形成的湿地

　　冰川的发达程度代表了冰期和间冰期的差异，而夏季气温又是决定冰川发达程度的主要因素。也就是说，夏季气温是决定该时代是冰期还是间冰期的关键。那么，夏季气温又是由什么因素决定的呢？米兰科维奇认为，夏季时的日照条件决定了夏季的气温。这个假说相信大家都能理解，毕竟太阳是地球能量的来源，日照充足气温自然会升高。可是，难道每个夏天的日照条件会有不同？地球的季节变化难道不是年复一年周而复始的吗？

　　成功的突破口往往来自对细节的追问。地球每个夏天的日照条件还真的会有变化，而且造成这种变化的影响因素还有很多。米兰科维奇归纳了其中的三个主要因素：地球自转轴倾角、岁差运动、公转轨道离心率变化。

　　地球的自转轴倾角是 23.4°，然而这一数值并非恒定，而是以约 4 万年为周期，在 22.1° 到 24.5° 之间往复变化。

　　岁差运动又叫地轴进动，是指地球自转轴朝向的变化。我们都知道陀螺在动能逐渐耗尽接近倾倒之前，陀螺转轴的朝向将不再是最初的垂直于地面，而是会在空中划出一个圆形，这种运动在物理学上称为进动。地轴的朝向以约 2 万年为周期，发生进动。

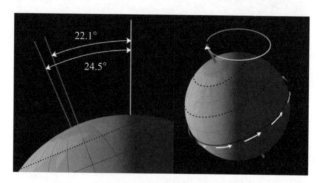

图 3-20　地球自转轴倾角和地轴进动的示意图

我们知道，地球围绕太阳运动的轨道是椭圆形，因此才有近日点、远日点一说。其实，这个椭圆轨道的椭度也并非恒定，有时更加接近圆，有时则更加接近椭圆，公转角度离心率的变化周期大约为 10 万年。

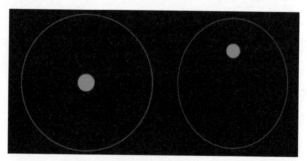

图 3-21　不存在离心率的圆形轨道和离心率为 0.5 的椭圆轨道

上述三种变化的产生原因非常复杂，但主要是来自地球周围其他行星对地球的引力作用。米兰科维奇充分考虑了各种作用因素，将以上三个运动的变化周期进行叠加，得到了一个全新的周期，这个周期就是米兰科维奇循环。地球的冰期和间冰期变化规律与米兰科维奇的计算结果吻合度极高。

米兰科维奇循环虽然早在 1941 年就已经提出，但却经历了将近半个世纪后才被人们广泛接受。直到 1976 年，三位地质学家在《科学》杂志上发表了对米氏理论起到决定性支持的地质学研究成果，人们才重新认识到了这一理论的意义和重要性。自那时起，米兰科维奇循环被逐渐接纳为主流学说。

玛雅文明的消失

玛雅文明，是分布于古代中美洲的丛林文明。虽然处于新石器时代，但玛雅人在天文学、数学、农业、艺术及文字等方面都有极高成就，也为人类留下了大量珍贵的文化遗产。玛雅文明与印加帝国及阿兹特克并列为美洲三大文明。

公元前 1500 年至公元 300 年，为玛雅文明的前古典期，也叫形成期。在此期间，玛雅人创造了属于自己的文字和历法，同时大量纪念碑和宗教建筑也开始兴建。

约 3 至 9 世纪是玛雅文明的古典期，同时也是全盛期。在这一时期，玛雅人对文字的使用，对宗教场所、功能性建筑的兴建，对多种艺术的掌握和研究均达于极盛。

图 3-22　玛雅人兴建的奇琴伊察城遗迹

约 10 至 16 世纪是玛雅文明的后古典期，此时其余竞争性城邦广泛兴起，而玛雅文化自身逐渐式微。玛雅人从来不像中国、古罗马及古埃及等文明拥有统一的强大帝国，即便全盛期的玛雅地区也分成数以百计的城邦。虽然各邦在语言、文字、宗教信仰及习俗传统上属于同一文化圈，但因为冶金水平低下，作物种植技术薄弱，无法支撑日益庞大的人口，政治治理上也逐渐趋于分崩离析。

玛雅帝国在 10 世纪之后开始逐步分裂，最终回到分散部落的型态，呈现衰败趋势。16 世纪时，玛雅文化的传承者阿兹特克帝国在与西班牙入侵者的战争和接触中，感染了欧洲人带来的瘟疫，大量居民因此丧命。玛雅人唯一遗留的美洲文字也被视为宗教异端遭到抹除。

图 3-23 玛雅人的象形文字

  西班牙人的入侵给残存无多的玛雅文明遗迹造成了巨大的破坏，也将这段曾经闪耀了四千年之久的古代文明史掩藏到近代。19 世纪，玛雅文明诸多遗址开始被重新发现，然而侵略历史将玛雅人的整个文明历程就此割裂，今天的玛雅人后裔对曾经的历史文明早已陌生。

  在整个玛雅文化研究领域内，最大的谜团，同时也是最引发世人兴趣的莫过于玛雅文明由盛转衰的原因。目前的相关假说已经有近 100 种，其中认同度比较高的说法有气候变动、环境破坏、外敌入侵、严重自然灾害、商道路线更迭、生殉风俗盛行、瘟疫流行以及政治斗争等。其中，气候变动和环境破坏由于拥有较多的遗迹、遗物证据而被人广泛接受。

图 3-24　玛雅人留下了众多精美绝伦的建筑艺术作品

从公元 800 年左右开始，玛雅人的主要生息地就一直遭受干旱的困扰，在此期间飓风带来的降水急剧减少。不少来自地层堆积物的分析证据都支持了这一假说。然而，对当时地层中发现的玛雅人遗骸进行的研究却没有找到营养不良的证据，这也给该学说被广泛接纳造成了障碍。

近年来，越来越多的学者认为玛雅人自身原因造成的生态浩劫，很可能是玛雅文明逐渐衰亡的关键因素。玛雅文明虽然已经脱离了原始形态的城邦文明，但其本质上仍然是建立在玉米种植业基础之上的农耕文明，对农业生产技术和天气、气候的依赖程度很高。玛雅农民一直沿用一种极为原始的耕作法：他们先在丛林中清理出作为农田的空地，将其上的林木全部砍伐，在雨季到来之前将已经干燥好的林木放火焚毁，以草木灰作为肥料给贫瘠的雨林土壤增加肥力。

最初，一次收成结束后要休耕 1～3 年才会再次在同一片土地耕种，有的地方甚至要长达 6 年。然而，当玛雅文明进入繁盛期，人口大增后，农业生产的压力日渐增大，不得不大量毁林开荒，同时尽量压缩休耕时间。

　　这样做的后果显而易见，水土流失状况加剧，土壤肥力下降，玉米产量逐渐无法支撑人口增长。鉴于热带雨林的降雨主要依赖树木，在经历了数百年的繁荣期后，玛雅人不得不面临降雨减少、生态环境恶化、生活资源枯竭的严重问题。作为人口主体的农民食不果腹，社会状况一落千丈。而以王族和神职人员为代表的统治阶层却将土地收成下降归结为神的旨意，进而越发大兴土木，建造更加恢弘的神庙和纪念碑。显然，这样的行为只能让玛雅文明的衰败来得更快、更猛烈。

图 3-25　奇琴伊察城内的玛雅天文台

　　玛雅文明的消亡给我们带来的启示发人深省：对自然规律的无视，对生态环境的破坏最后都将产生复杂而严峻的后果，人类文明也将面临浩劫。

全球变暖

我们在前面的章节中已经认识到大气层中的二氧化碳含量对地球表面温度的重要影响。在雪球地球这一章节中，我们提到过正是由于海底火山喷发产生的大量二氧化碳在亿万年间的积累，才让地球有足够的温室效应从而融化覆盖全球的冰川。目前，大气层中的二氧化碳含量只有万分之四，却扮演了地球空调一般的重要角色。它们仿佛一层温室薄膜，将来自太阳的热量蓄积在地表，延缓其向宇宙空间逸散的速度。

如果缺乏这万分之四的二氧化碳，地球表面的平均温度将从现在的 14℃降低到零下 19℃，人类能够生存的地域面积将大大缩小，如今的中高纬度地区可能都将变成冰雪覆盖的不毛之地，可见相当微小的二氧化碳含量就能对地表温度造成巨大影响。然而，近一百多年以来，大气中二氧化碳的含量已经达到 1750 年的140%。照此趋势预测，到 2100 年左右，地球平均气温将在 2000年水平的基础上增加 0.3℃～ 4.8℃。

看到这里，大家可能会有疑问，既然我们在前面的章节中曾经讲到过地球在亿万年的历史中，气候时常经历大起大落，我们凭什么断言如今的地球变暖趋势是由人类活动造成的呢？其实，地球气候存在周期性的变化确实不假，然而这种周期性变化是以万年为单位发生的，整个生态系统并不会在短期内受到突然的扰动。

时至今日，科学界的主流观点已经明确了人类工业革命以来的生产、生活中对化石燃料的过分利用是造成温室气体排放和地球气候变暖的直接诱因。石油、煤炭、天然气等化石燃料在燃烧过程中产生的二氧化碳，饲育家畜过程中其消化道排出的甲烷，以及人工合成的氯氟烃类制冷剂是当前温室气体的主要来源。

气候变暖将在地表地貌和生态系统的各个环节产生严重的后果。例如，两极冰川消融导致的地球海平面上升，极端天气灾害多发，农业生产遭受影响，荒漠化加剧，热带地区虫媒传染病扩散，珊瑚礁异常死亡，森林火灾频发等。

氯氟烃类制冷剂对温室效应具有极强的影响，所幸各国已经达成协议，2050 年之前将在全球范围内停止应用。甲烷对温室效应的影响也强于二氧化碳，但是毕竟总量上仍然很小。人类应对气候变暖的关键，还在于大力减少化石燃料的使用，以期减少二氧化碳气体的排放。具体而言就是开源节流，一方面积极开发新能源及相关技术，降低对化石燃料的依赖；另一方面尽量提高能源利用效率，减少无谓的浪费。

2015 年 12 月 12 日，联合国气候变化大会在巴黎召开，联合国气候变化框架公约 195 个缔约国一致同意通过了《巴黎气候协定》。这份协议的签署，标志着全球气候治理开启了新的历史阶段，它的签署和生效，将是全球应对气候变化的关键一步。这份协议确立了 2020 年后全球共同应对气候变暖的行动方针，并提出了一系列明确的减排目标。例如，协议提出，本世纪中将全球平均升温控制在工业革命前的 2℃以内，争取控制在 1.5℃。到 2030年，全球温室气体排放要从 2010 年的 500 亿吨降到 400 亿吨。

同时，不少国家也提出了本国的减排方案及具体指标。例如，中国提出到 2030 年，本国单位 GDP 的二氧化碳排放量要在 2005

表3-1　几种典型温室气体的占比、性质、来源以及暖化系数比较

温室气体	暖化系数	含量占比	性质	用途、推出源
二氧化碳（CO_2）	1	76.0%	代表性的温室气体	化石燃料的燃烧
甲烷（CH_4）	25	16.0%	天然气主要成分，极易燃	水稻栽培，家畜消化道排气，垃圾填埋
一氧化二氮（N_2O）	298	6.2%	各种氮氧化物中最为稳定的物质，本身无毒，俗名笑气	燃料燃烧，工业生产副产物
氢氟烃（HFCs）	-1430	2.0%	对臭氧层无害的氟利昂，但温室效应强	喷剂、空调、冰箱用制冷剂，化工副产物、建筑隔热材料
全氟化碳（PFCs）	-7390		仅含有碳和氟的氟利昂，温室效应很强	半导体工艺流程
六氟化硫（SF_6）	22800	微量	硫的六氟化物，温室效应极强	常用的制冷剂及输配电设备的绝缘与防电弧气体
三氟化氮（NF_3）	17200	微量	最稳定的卤化氮，温室效应极强	半导体、液晶和薄膜太阳能电池生产过程中的蚀刻机

年的水平上下降65%，并将非化石能源在总能源结构中的比重提高到20%左右，力争在2030年前后达到二氧化碳排放峰值。此外，协议还指出，发达国家应主动承担更多的责任，为发展中国家提供技术和资金支持，促进发展中国家转变发展方式，最终实现全球减排目标。

发达国家当前人均碳排放量位于各国前列，又在自身的发展历程中大量排放过温室气体，同时又掌握先进的清洁能源技术，拥有雄厚的经济实力，理应在应对气候变化方面展现更加积极的姿态。这不光是对人类的未来负责，更是一种对自身曾经犯下错误的救赎。

《巴黎气候协定》的达成，是全人类精诚合作的结果，体现了人类在面对共同的发展问题时前所未有的一致团结，可以说是全人类历史上的一次高光时刻。特别是中美两国，作为二氧化碳排放量前两位的国家，在气候变化问题上均持合作立场，为协议的最终达成提供了坚实的基础，体现了大国的责任和担当。

?

1. 电能是相对清洁的能源，在利用电能的过程中，几乎不会释放出温室气体。然而，将其他能量转化为电能的过程中，却可能产生大量温室气体。那么，哪些发电过程会产生大量温室气体，哪些发电方式几乎不造成温室气体排放？

2. 你认为未来的地球可能发生类似雪球地球一样的全球性极端气候事件吗？如果存在这样的可能性，你能否设想一下届时地球及整个生态系统的变化？

自然灾害

地质灾害成因与分类

中国有一个成语叫做天灾人祸，指自然的灾害和人为的祸患。地质灾害分类方法比较多，但也可以简单按照自然和人为两种原因将地质灾害分为两类。自然灾害在本质上是地质体自身的运动和地球自身调节的过程，这个过程对人类产生了巨大的影响，但对自然本身仅仅是改造，而非毁灭。

一般而言，地质灾害的原因本质很简单，那就是原本稳定的地质体因为自身的变化和人类活动的影响，自身能量或物质逐渐积聚，系统的熵逐渐积累到迫使系统发生转变才能维持系统稳定，这个转变通常称为地质灾害。所以地质灾害既可以是大自然展现无限能量的火山爆发、地震、泥石流，亦可以是由于有害元素局部富集而对人类生存环境造成的潜移默化伤害。

像地震、海啸、泥石流这类发生在一瞬间的地质灾害，其发生的地点和时间通常会存在一定的规律，但我们很难使用这种规律去预测未来灾害发生的准确时间和地点。其主要原因除了我们研究程度不够，很多时候还由于估算灾害发生的成本会大于灾害造成的损失。这就像你随手捡来的一根树枝，然后双手用力将它掰断，在这根树枝被你掰断之前，你很难知道掰断这根树枝会用多大力，树枝会在什么位置被掰断，你掰断这根树枝会花费多长的时间，等等，这些结果除了和树枝的粗细、木质的种类有关，还会和这根树枝以前有没有伤病，曾受过什么外力，甚至和你掰断树枝时手部的姿势都有关系，而这就是自然灾害预测的难处所在。

　　而现实生活中，我们又必须面对灾害预测的问题，我们该如何处理这个复杂的问题呢？答案是靠经验。我们难以承受计算地质体应力分析的高成本，那么我们可以将已经发生过地质灾害的地质体进行分区、分类和分级，对历史上发生的地质灾害进行总结，对发生区域中存在的岩石种类、地层特点以及各种地质构造的发育特点进行统计归纳，然后通过这些总结的结果进行其他地区的归类，就大致知道该地区地质灾害发生的危险系数了，如果危险系数超过一定限制，就尽可能远离这些地质危害高发地区。

　　当然，除了适应环境，我们人类还有一个更强大的能力，改变环境。如果一个地区的地质灾害危险比较高，但又有足够的吸引力让人类居住怎么办？提高地质体局部的强度，降低内部的应力，通过地质工程技术让地质体达到一个相对安全的系数；另一方面，提高该地区建筑的抗灾能力，使用更高强度的建筑材料，能抵收住自然灾害带来的破坏力，或者使用软基础，通过柔性材料卸掉大量的冲击力，进而保护上层建筑。

　　当然，人类改造环境可以抵御自然灾害的侵袭，也有相当多的自然灾害是由人类活动对环境的影响而产生的，大到由于人类活动产生的温室气体而造成全球性的气候效应，小到生活、生产会影响某些元素或化学成分在一个地区富集，比如被世人所熟知的 20 世纪日本水俣病事件——在 1956 年日本水俣湾出现的一种奇怪的病，其症状表现为轻者口齿不清、步履蹒跚、面部痴呆、手足麻痹、感觉障碍、视觉丧失、震颤、手足变形，重者精神失常，或醉睡，或兴奋，身体弯弓高叫，直至死亡。其主要原因就是当地建立庞大的氮肥公司，后又开设了合成醋酸厂，公司生产的氯乙烯（C_2H_5Cl），在制造过程中要使用含汞（Hg）的催化剂，这使排放的废水含有大量的汞。工厂把没有经过任何处理的废水排放到水俣湾中，当汞在水中被水生物食用后，会转化成甲基汞（CH_3Hg），当地又有以水生生物为食的传统，在食物链顶端的人类最终吃到了含汞的食物而酿成悲剧，该事件被列入世界八大公害事件之一。

除此之外，人类种植作物时的开荒行为，兴建村落和城市都会影响当地的生态平衡，最直接的影响通常就是植被减少。而植被减少造成水土流失、基岩裸露，进而加速风化，影响地质体的稳定性，增大了发生泥石流，塌方等地质灾害的概率。

地震

作为世界上蕴藏能量最大的地质运动，地震自身的定义却比较宽泛和模糊。通常来讲，地壳在快速释放能量过程中造成振动，期间会产生地震波，这一过程就称为地震运动。这一定义也导致地震的种类繁多，地震强烈程度差别巨大，既有人体都很难感知的微感地震，也有毁天灭地的烈度十度以上的毁灭型地震。时至今日，我们对地震发生的机理还不是特别清楚，这也是目前地震发生机理理论发展的困境，即便是假说，也很难有一种假说能够全面覆盖全部的地震类型。所以，依据其成因分类也就成为最被广为接受的方法：构造地震、火山地震和陷落地震，除此之外，爆炸等诱因引起的地震则称为人造地震。

我们所熟知的地震基本上都属于构造地震，这种地震无论在震源深度、分布范围和强度跨度都非常大，大震强震基本上都属于这种地震，如唐山大地震、汶川大地震等。一般认为，构造地震是由于地下岩体具有刚性，当其长期受到的应力超过其岩体刚性强度后，岩体自身发生断裂，并释放出巨大的能量，岩体回跳回原位置或发生位移至新位置，所以这类地震也被称为断裂地震。

地震的过程中，由于岩体发生了剧烈的运动，会产生地震波。最早认识到地震波并将其利用的大概是东汉的天文学家张衡。现今在震源位置上的预测，我们依然使用三处以上地震仪，根据接收地震波时间的不同，再依据地震波的传播速度，反演计算震中的位置。

首先，对于地震的机理我们的研究程度还远远不够，唯一可靠的地震观测对象依然是地震波，利用不同类型的地震波和先后到达的时间，对地球内部状况进行反演和推测，并判断地震的实际情况。其次，地震活动难以实验和模拟。地震是地球上规模宏大的地下岩体破裂现象，其孕育过程又跨越了几年、几十年，甚至更长的时间，因而，既很难用单纯的物理模型从本质上加以描述，也难以在实验室或者野外进行模拟。最后，大地震对于同一地区来说，可能几十年、几百年或者更长的时间才能遇到一次，对于不同地区，甚至不同时期的孕震过程，机理差异很大，所以，重复实践进行检验的机会很难碰到。上述种种困难，使得作为地球科学的前沿领域，地震预报的研究成果却寥寥无几。

基于此种现实，研究人员将研究方向进行转变：一方面，研究地震分布的规律，虽然我们依旧难以预测地震将在何时何地以何种烈度爆发，但是地震的分布有着明显的规律，这种规律同大地构造学和板块漂移学说间有着巨大的互证性，而这个地震分布的规律则作为不同地区建筑物抗震性能要求的理论基础——即以地震动参数为指标，将地区划分为不同抗震设防要求的区域，而并非一味地提高所有建筑的抗震水平，这样既可以达到抗震的效果，又有效地节约了资源。

另一方面，发展地震的预警机制：地震发生后，不同种类的地震波在岩体中的传播速度不一样，对建筑物影响最大的表面波传播速度最慢，而最先被监测到的纵波（P波）破坏性很弱。因同震中距的距离而异，在监测到纵波后和表面波到达之前会有几秒至几分钟的时间差，在这个时间差内通过紧急通信手段启动地震减灾机制，可以减少地震对生命财产的破坏。

图 3-26　地震预警机制原理

地震不仅会引起火灾、水灾，还会破坏有毒容器，造成毒气、毒液或放射性物质等的泄漏，还会引发种种社会性灾害，如瘟疫与饥荒、人群因恐慌产生大规模过激行为等。社会经济技术的发展还可能带来新的继发性灾害，如通信事故、计算机事故等，尽可能地降低震后损失，才是我们减灾防灾工作的核心。

泥石流

人类在进化进程中，在狩猎和种植活动中自然而然地选择了临水而居，在这个过程中，人类形成了非常系统的对居住环境选择的理论和方法，使自己既能方便地得到充足的水源，又能尽可能减少遭受水害的影响，依山傍水大概就是对这种环境最好的诠释。选址坡地（也可以认为是人类密集聚集区的广义上的河漫滩）虽然可以择两种优势共存，却难免会遇到一种地质灾害——泥石流。

泥石流的形成需要坡地具有一定的角度。因为暴雨等原因，增大了地表块体的浸润程度，静摩擦和结构应力均大大减小，受重力作用，最终引起沉积物、块体和水整体搬运。

坡积物存在休止角，这个休止角与坡积物自身条件有关。当堆积物堆积角度低于休止角的时候，保持稳固的形态。当发生泥石流的时候，通常有两个原因：一种是由于水或砂砾等充填，充当润滑并引起浮力效应，原本的休止角变小，就会发生泥石流；另一种是雨水或火山爆发后，带来了新的物质，突破了原本的休止角，进而发生泥石流。实际发生泥石流通常都是两种原因共同作用的后果。

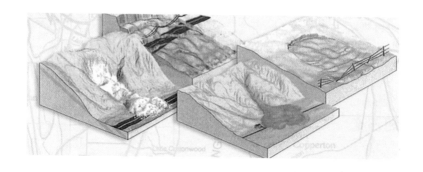

图 3-27　多种形态的泥石流灾害

　　泥石流同其他自然灾害比较，除了具有突然性、破坏力强等特点，也有着非常高的发生频率。随着城市化进程，城市发展更青睐适合人类高密度居住的冲积平原，再加上修建的各种水利和防护设施，缺乏泥石流发育条件，使得这项地质灾害在大多数城市中较为罕见。然而，城市化进程中，难免会大量的砍伐植被，加之使用水泥等固化地面，使得城市地区的蓄水和保水能力大大降低，一旦超警戒量降雨，城市的排水系统运输压力骤然增大，城市内涝的概率增加，同时大量降水全部转到城市周边，发生泥石流或者洪涝的概率也会增大。但相较而言，泥石流还是更多发于人口密度较小的山区，一旦发生泥石流等地质灾害，极易引发中断交通和通信等并发灾害，为灾区的救援和重建工作带来更大的困难。

　　除此之外，城市建设生产生活还会产生大量的生活垃圾和建筑垃圾等，这些固体废弃物如果没有良好的填埋场所，堆置较高，同样会成为发生泥石流、滑坡等地质灾害的隐患。

海啸

《神奈川冲浪里》是葛饰北斋的名作，画作完成于 1832 年，作品完成耗费 30 年才将大自然排山倒海的逼人气势，抒发得淋漓尽致。画作历时之长，除了画家的艺术追求，也因为其描绘的场景并不常见，而是偶发的自然灾害——海啸。

图 3-28　《神奈川冲浪里》描绘的是海啸发生时的情景

海啸的运动原理同我们常见的波浪相近，是由水质点的振动形成，当波浪经过时，水质点便画出一个圆圈，由于水的内摩擦作用，水质点的圆周运动半径随深度增加而减小，以至于消失。故波浪向深部传导的能力有限，一般不超过波长的二分之一，在深度达二分之一波长时，波浪运动几乎停止。这一深度界面称为波基面。

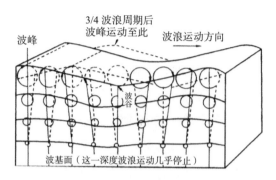

图 3-29　波浪向下传播示意图

当水深小于二分之一波长时，波浪下部的水分子运动受到海底阻碍和摩擦的影响，逐渐变为椭圆形，愈近海底其扁度愈高，波浪的变形愈明显。水深越浅，波浪对海岸的破坏越明显，并最终形成激浪，是海岸地貌的主要塑造作用力。

讲到这里，你大概会理解了海啸究竟是怎样造成巨大危害的。海啸产生的波浪巨大，但如果是因为洋脊地震或位于大洋深处的火山爆发引起的海啸，在远海中，波高一般只有一米至几米高，但其波长可达几百千米。当波长远大于海水深度时，有两个非常显著的特点：一是没有常规波动传播时的色散，所有频率的波都跑得一样快，形状不会改变；二是这种波传播的速度只与海水深度有关，海水越深，传播得越快，这种波被称为浅水波。

浅水波对过往的船只等不会有很大的影响，但在源地生成后，可以以 700 千米 / 时的速度传播数千千米，在没有岛屿群、大片浅滩或浅水陆架阻挡的情况下，能量衰减很少，一旦海啸进入浅水区，原本的波形就会改变，能量不变，但波长和速度减小，进而波高变大，产生巨浪，形成最终的海啸。

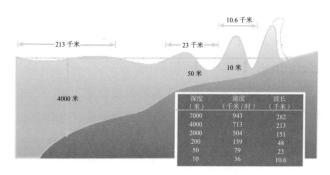

图 3-30　海啸波高变化示意图

　　如果海啸发生在近海海域，因为本地海啸从地震及海啸发生源地到受灾的滨海地区相距较近，所以海啸波抵达海岸的时间也较短，只有几分钟，多者几十分钟。在这种情况下，海啸预警时间更短或根本无预警时间，因而往往造成极为严重的灾害。

　　浅水区的大小也是决定海啸发生和最终破坏力的重要条件，一旦进入浅水区，海啸固然可以形成巨浪，但也会造成巨大的能量损耗，如果有巨大的陆架浅水区，海啸就难以形成巨大的威胁，相反，如果直接面临大洋，陆架短而陡，海啸的能量就会全部作用在海岸和陆地上。这也是为什么海啸对于大多数岛屿，如夏威夷群岛、阿拉斯加区域、堪察加—千岛群岛、日本及周围区域以及菲律宾群岛的影响非常巨大。

　　自从 1946 年夏威夷发生海啸后，美国在 1948 年确立了海啸预警系统。2004 年发生了毁灭性的印度洋海啸之后，联合国教科文组织政府间海洋学委员会牵头建立了一个旨在促进迅速发现海啸的数据交换网络，即太平洋海啸警报及减灾系统（PTWS）。2013 年 9 月，在联合国教科文组织政府间海洋学委员会太平洋海啸预警与减灾系统政府间协调组第 25 届大会上，中国被批准由中国国家海洋环境预报中心牵头建设联合国教科文组织政府间海洋学委员会南中国海区域海啸预警中心。

当然，随着科技的进步，技术手段也会随之增多，如具有多种观测手段的卫星，遥感技术的普及和商业化，这些都将提升海啸观测的效率和准确性。

火山喷发

大型火山喷发时，如同末日来临一般，火山口喷发出大量的中酸性岩浆，以及大量固体和气体喷发物。火山灰遮天蔽日，火山弹四处横飞，火山中大量的硫黄和硫化氢、二氧化硫等气体四溢，赤红甚至发着白光（岩浆温度越高，颜色越接近白色）的滚烫的岩浆超过 1000℃，所到之处尽为焦土，破坏能力超过核弹。

同恐怖异常的描写相比，火山喷发其实是地质学家比较熟悉的一种自然灾害现象。之所以这样说，是因为同其他突发性自然灾害相比，火山喷发需要一定的条件，而形成这些条件需要一定的时间。一般来讲，我们将孕育时间比较短，数年之内且有一定周期性活动的火山称为活火山，如意大利维苏威火山，世界上最大的火山观测所就设于此处。孕育时间比较长，但有比较明显的地下热液或高温气体喷出等活动，这种火山我们称为休眠火山，如我国的长白山天池。那些历史上曾经喷发过，但比较难以监测到火山活动迹象的火山，则称为死火山，如非洲屋脊乞力马扎罗山，其主体就是由基博、马温西和希拉三个死火山构成，面积约756平方千米，其中央火山锥呼鲁峰，海拔5895米，也是非洲最高点。

图 3-31 乞力马扎罗山呼鲁峰的典型火山盾

所幸的是活火山的周期规律性和准备期，给予了人类足够的时间去面对这个藏身地下的大炸弹。因为在火山完全喷发之前，会有比较明显的特征。即便如此，火山喷发的威力依然不容忽视，比如，藏身太平洋深处的大塔穆火山，其实际面积长约450千米，宽约650千米，主峰高度超过4000米，仅仅比法国的国土面积稍稍小一些，它是目前人类所知最大的火山。据说，它的喷发与约145亿年前的一次生物绝种事件相关。

火山喷发中危险性最大的是爆炸式喷发，其中最大的灾害是喷发柱。因而我们习惯于用喷发物总质量与喷发柱高度来衡量火山喷发的强度，将火山喷发分为1～8个等级，每个等级大致上能量是上一级的10倍，这个衡量火山释放能量水平的值称之为火山喷发指数 VEI（Volcanic Explosivity Index）。

表3-2　火山喷发指数表

VEI	形容	喷发体积千米³	喷发柱高度千米	能量尔格	相当于地震震级
1	微	10^5-10^3	0.1-1	6.3×10^{21}	6.6
2	小	0.001-0.01	1-5	3.8×10^{22}	7.2
3	中	0.01-0.1	3.-15	6.3×10^{23}	7.7
4	中大	0.1-1	10-25	1.4×10^{24}	8.2
5	大	1-10	25-45	8.3×10^{24}	8.7
6	很大	10-100	30-50	5.0×10^{25}	9.3
7	巨大	100-1000	35-55	3.0×10^{26}	9.8
8	特大	>1000	45-55	1.8×10^{27}	10.3

注：1 尔格（erg）= 10^{-7} 焦耳（J）

　　黄石公园火山的喷发周期为 60 万 ～ 80 万年，目前尚在活跃之中，一旦喷发，巨大的能量释放会同时引发地震。于此同时，海啸等并发地质灾害也不可避免，但这些问题都是暂时的。真正的问题在于，超级火山喷发后，喷发物中的火山灰会直接进入几千米至几十千米的高空，大量的火山灰会进入平流层后会随着大气环流充斥整个地球，并需要长达数年的时间才会尘埃落定。在这段时间中，地球所能摄取的阳光将大大减少，全球平均气温会下降 10℃以上，动植物将会因低温和缺少阳光而大面积死亡，食物链多处断裂，人类到时所能得到的食物也将大大缩减。整个地球俨然进入了一个短暂的冰河时期，动植物的数量急速减少，人类也会因此损失超过一半的人口。

　　值得安慰的是，以目前的研究成果来看，火山的喷发指数越高，其将要爆发的征兆就会越明显，处于喷发的临界状态就越长，超级火山在这种状态下甚至可以保持一年。而这些时间就为我们减少灾害的影响争取了极大的机会，例如，我们可以使用炸弹提前分阶段引爆火山，将岩浆的能量逐渐释放出来，变成多个人类可以接受损失的火山喷发规模。

在美国黄石火山的压力之下，NASA 更是提出了一项拯救人类文明的脑洞计划，他们准备在黄石火山钻进 10 千米深的孔，通过注入水的方式使之冷却下来。回收回来的高压水温度将达350℃，可以作为地热能来发电，整个项目将耗资约 34.6 亿美元，发电成本约在每千瓦时 0.1 美元。通过数百年甚至数千年的持续冷却，科学家们希望彻底消除火山的威胁。当然这项计划的实施和操作将是异常的艰难和危险，钻入火山岩浆室的顶部并冷却它的可操作性非常低。因为这可能让岩浆室顶盖变得更加脆弱，容易破裂，使困在岩浆室顶部的有害挥发性气体大量释放出来，引发灾难性后果。

图 3-32　正在积蓄能量的黄石火山

人类的活动究竟会对环境有哪些影响，是我们值得持续探究并深刻思考的问题。

1. 自然灾害的大小和频度之间有什么关系？
2. 你知道哪些地区是游走在自然灾害高频发和高收益的节点处？

自然环境的影响

世界文明

绝大多数朝代都会经历它的兴起、繁荣与衰落，生生不息，周而复始。那么我们可以进一步思考这些问题：文明是否也像历史朝代那样不断更迭？人类文明是否也只是历史上众多文明消亡的后来者？我们的文明难道也逃不出终将衰落的命运？如果有一天，当人类的文明开始走下坡路时，我们的种族又该去向何方？我们不妨再回顾历史，从人与自然的角度，探讨人类社会的文明当与自然环境的联系。

我们先来说说得天独厚的地理条件对文明产生的积极影响，探讨文明发源地共同性的生态地理特征，先以大家较为熟悉的四大文明古国说起。

我们不难发现四大文明古国具有着共同的现象：河流的延伸与人类聚居繁荣，有着不可分割的关系。蜿蜒不息的河流化身为人类文明的摇篮。河流与文明的关系竟然密不可分，如印度河和恒河之于古印度文明，底格里斯河和幼发拉底河之于古巴比伦文明，尼罗河之于古埃及文明，黄河之于中华文明。

大量的研究工作显示河流的活动性与气候的波动有密切的关系。也就是说，在河流区域更有利于人类种植农作物，以及开展生存必须的其他活动，进而使得人类文明不断发育和壮大。不断变化的生态环境对社会发展的影响是十分明显的。人类和人类文明是在合适的自然环境下产生的，局部地区文明的衰落也可能由自然环境的变化引起。自然环境既孕育了它们的形成，又加剧了它们的灭亡。

以印度农耕文化为例，其经历了这样的阶段：旱田、天然水水田、灌溉水田。印度人的祖先最先在雨季利用大气降水种植粟（小米）等杂谷，后来用湿地作为天然水水田，而后发展为利用河水进行人工灌溉。在中国的黄河流域，在夏商时已经出现了旱作农业，西周时犁耕农业有了长足的进步，战国、秦、汉、隋、唐灌溉水田农业逐渐兴起。在欧洲，农耕文化起源于地中海。地中海气候冬温雨夏干热。小麦秋天下种发芽，冬天在土壤中扩展根系，春天急速生长抽穗，夏秋成熟。一个文明，尤其是早期文明的起源、生长与衰落，如果从外部环境中去寻找根本原因的话，本质上都与自然环境的变化有关。

气候变化与农业起源

关于农业的起源，涉及很多学科的交叉，有文献指出，农业起源的动力主要来自三个方面。

第一是来自物质方面的压力。弗兰纳利的"广谱革命"理论认为，1万年前，由于气候的原因造成了食物短缺，迫使人类不得不利用一些后来成为驯化物种的草籽来解决饥饿问题，这一过程是农业发生的先决条件。

第二是来自人类族群内部的压力。这种观点指的是人类群体内部和人类群体之间的互动与竞争关系。在群体之内，谁能控制更多的物种，譬如粮食和牲畜，谁就能控制其他更多的劳动力和社会资源。不同群体之间，其特有的农业资源可以进行互补和交流。弗兰纳利以群体间物资交换的需求来解释农业起源的过程。

第三是来自人类族群精神层面的压力。如果群体中的成员想要更高的社会地位和更多收获的满足感，首先就需要可见的物质支撑。如果把栽培作物和驯养动物的行为看作是人类对其他物种主宰欲的外在表现，那么这种基于人类认识自身操控外界的能力的行为就为农业的产生提供了必要条件。但是需要指出的是，这种来自精神层面的模型有很多缺陷。

农业产生并不断发展和气候有着直接的联系。以欧洲为例，其主要的气候有温带海洋性气候、地中海气候和温带大陆性气候。

它所处的地理位置及气候使其能生产几乎所有的农产品，包括高品质的橄榄油、肉类、葡萄酒、威士忌及其他烈酒等。

目前世界上的气候类型可大致划分为以下类型：

图 3-33　古埃及壁画中的农业生产

极地气候（包括冰原气候和苔原气候）、温带大陆性气候、温带海洋性气候、温带季风气候、亚热带季风气候、热带沙漠气候、热带草原气候、热带雨林气候、热带季风气候、地中海气候、高山高原气候。造成这些不同气候的原因主要有光照辐射、海陆位置，洋流和地形等。

极端干旱区——塔里木盆地的史前案例

塔里木盆地，位于中国西北部的新疆，是中国面积最大的内陆盆地，处于天山、昆仑山和阿尔金山之间。东西长 1500 千米，南北宽约 600 千米，面积达 56 万平方千米，海拔在 800～1300 米，地势西高东低，盆地的中部是著名的塔克拉玛干沙漠，边缘为山麓、戈壁和绿洲。塔克拉玛干沙漠位于塔里木盆地中心，几乎终年没有降雨，含有储量丰富的石油和天然气，地形封闭，开口朝东南。"塔里木"在维吾尔语中即河流汇集之意。

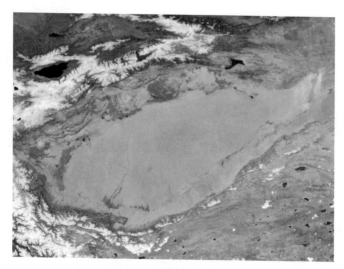

图 3-34　塔里木盆地卫星照片

　　在塔克拉玛干沙漠西北边缘的阿拉尔市，考古学家发现了位于塔里木古河道神秘古墓群落。历史上塔里木河曾多次改道，远古人类也随着河道的改道而迁徙，因而留下活动过的遗迹。根据国际人类学权威机构鉴定，该古墓群距今约有 4600 年的历史。此墓地出土的文物按时间分类，有距今 4600 年、4300 年、3800 年、2600 年、1200 年和 900 余年的。

　　专家认为这个古人类遗址中最久远的居民极可能是羌人。利用碳 14 测定技术，如果能确定该墓地的主人是羌人，那么古文献有关西羌在塔里木盆地活动的记载则是真实可信的。文献记载羌人多数从事农耕和渔猎，在考古现场的一些特征与文献符合。文献记载阿拉尔古称昆岗，因此，这片古墓群被命名为"昆岗古墓"。

　　昆岗古墓群的发现给神秘的塔里木盆地又覆上一层神秘的面纱，而位于沙漠腹地罗布泊干涸的原因，则困扰着一代又一代地质学家。罗布泊距今已有百万年的历史，作为曾经整个塔里木盆地的河流汇集的终点，湖泊面积曾达 2 万平方千米，有史前人类活动的痕迹。近 2000 年来，罗布泊所在地区环境急剧改变，偌大的湖泊竟然消失了。罗布泊到底是什么样子的？它是如何消失的？19 世纪下半叶以来，一大批国内外探险家和科学家分别从地质、气候、历史、考古等不同专业角度在罗布泊及其临近地区开展考察、测绘和发掘，提出各种见解和假设，引发了长达一个多世纪的学术争论。

进击的人类——人类活动阻碍下一个冰期

　　众所周知，世界每个国家和地区历史时期的气候都有其各自的特点。从第四纪冰期后期到全新世所经历的这一万多年，相对于冰期来说，地球上气候总体来看是温暖的。但在这一万年里，气候不断地变化，气温也在不断地波动。

　　在地质学研究中，冰期是一个专业术语，意思是地球表面覆盖有大规模冰川的地质时期。其中，两次冰期之间唯一相对温暖时期，称为间冰期。在地球历史上有四次冰期，离我们最近的一次就是第四纪冰期。冰期出现的原因大致是全球性的显著降温。地球在 40 多亿年的历史中，在前寒武纪晚期、石炭纪至二叠纪和新生代的冰期都是持续时间很长的地质事件，通常称为大冰期。

　　大冰期的时间尺度至少有数百万年。大冰期内又有多次大幅度的气候冷暖交替和冰盖规模的扩展（亚冰期）或退缩时期（亚间冰期）。

现在，我们的地球仍处于第四纪大冰期中的亚冰期与间冰期之间。冰期的出现对全球气候和生物发展的影响巨大，特别是第四纪冰期，直接作用于人类的生存环境，一旦地球又进入大冰期，缺乏能源的人类将面临死亡的威胁。

中国对第四纪冰川的研究，始于著名地质学家李四光。他先后发表了《扬子江流域之第四纪冰期》和《安徽黄山之第四纪冰川现象》等论文，又出版了专著《冰期之庐山》。他的研究填补了中国没有第四纪冰川研究的学术空白。

冰期的产生和诸多因素有关，冰期形成必须有大量海水由海洋转移到陆地，也就是说，冰期气候干燥寒冷，海水量减少，海平面下降；间冰期气候温暖，冰川融化，海平面上升。冰期的形成也和火山的活动有关，研究发现，中国所在的地区在震旦纪有

图 3-35　末次冰期盛冰期时的北半球冰川分布

大规模冰川覆盖，而与此同时，火山的活动也非常频繁。

震旦纪时期的大气二氧化碳浓度极低，大冰期地质活动频繁，释放储存在地下的大量二氧化碳，到寒武纪演化出了大量碳基生物，造就了地球上首个煤层，再到晚古生代大冰期结束后繁荣的昆虫时代，直到第四大冰期后出现的人类等高等动植物。每一次大冰期结束，都有一次物种的大爆发，而大爆发的形成，正是由于阳光、大气和水的存在，二氧化碳进入大气，成就了现有的一切碳基生命。

现在人类的活动已经影响了植物和除人以外动物的生存，并且制造了大量二氧化碳，造成二氧化碳的失衡，结果不仅仅加剧了温室效应，最重要的是引起全球气象异常。如果不加以控制并采取措施，那么人类种群终将自掘坟墓。因此研究和确认第四纪冰川既有特殊的理论意义也有普遍的现实意义，一直吸引着人们为此付出不懈的努力。

1. 关于二氧化碳，你有什么看法？

2. 事件的发生通常由内因和外因构成，你能简单分析一下文明的衰落和自然环境的关系吗？

3. 通过查阅资料，请你找出完整的地球年代纪。

第4章

和谐地球

　　从有限的地球资源，到未可知并且未开发的太空资源，怎样合理持续开发资源，是人们必须一直考虑的课题。

资源能源

生活中的能源

春华秋实，四时流转中，我们要经历炎炎夏日，也要度过凛凛寒冬。炎炎夏日里有空调送来阵阵凉风，凛凛寒冬中可以用暖气来取暖。我们再把视线转向每天的生活，马路上奔涌的滚滚车流，厨房里传来的阵阵菜香，远处工厂里机器轰轰作响的运转。支持这一切的，都来自于能源的推动。可以说，能源是我们享受现代生活的基石。

图 4-1　国际空间站上俯瞰的地球夜景

能源是如此重要，那究竟什么东西能被称之为能源呢？

对于生活在地球上的我们来说，太阳是一切能源的源头。在人类文明还未进入工业革命之前，地球上能完成收集和利用太阳能量的只有郁郁葱葱的植物群和具有类叶绿体的微生物了。它们日出而作，日落而息，日复一日将太阳能量通过光合作用转化为体内的化学能，也就是我们常说的生物质。当瓦特的蒸汽机引领的工业革命到来之时，几十亿年来植物辛苦劳作积累下的生物质在地层深处经过复杂反应积蓄形成的煤炭、石油被源源不断地开采上来，推动人类有史以来最为澎湃，也是教训最为深刻的工业革命浪潮。

一车车黝黑的煤炭被倒入锅炉，一根根硕大的烟囱冒着滚滚浓烟，一片片宏大的工厂里机器轰鸣，这是人类第一次如此彻底掌握了用比自己强大高效得多的能源来进行生产活动。那些以前不眠不休的手工业生产被用煤炭做能源推动的机器轻而易举地完成。在我们还来不及为自己的成就欢呼之前，一片片浓稠刺鼻的雾霾就笼罩了我们生活的都市。人们迫切地需要更加干净、可靠的能源形态来提供我们日常的能源需求。历经几代科学家的求索，我们终于发现了电。随后由爱迪生发明的钨丝白炽灯点亮世界的黑夜开始，一大批家用电器源源不断地被发明，革命性地改变和塑造了我们今天的现代生活。

有了能源的推动，我们不需要再砍伐薪柴做饭取暖，不需要再使用松油、蜡烛照明，不再需要经受用双脚长途跋涉的艰难。能源如空气，已经完全嵌入了我们生活的方方面面。

水资源

1831 年，一个名叫法拉第的英国科学家发现，将磁铁穿过一个金属线圈时，就会产生电。根据这个原理，我们只要找到一种能量来推动金属线圈在一个磁体里保持转动，就能源源不断地产生电了。科学家又发现河流奔腾向下游是一种接近完美的能量，可以被用来推动电机运转，得以实现持续发电。

水，遍布于江河湖泊、云端井泉，作为一种极其重要的资源，不仅仅可以用作发电，它在农业灌溉、城市给水、航运、养殖等多个方面为人类做出了巨大贡献，是国民经济发展不可缺少的重要自然资源。据联合国环境规划署数据统计，地球上水资源总量大约是 14 亿立方千米，其中，淡水资源总量约为 3500 万立方千米，约占水资源总量的 2.5%。在这些淡水资源中，大约 2400 万立方千米，或者说 68.5% 都是山地、南极和北极地区的冰和永久积雪。全世界大约 28.5% 的淡水资源都以地下水（即深达 2000 米的浅层和深层地下水盆地、土壤水分、沼泽水和永久冻土）形式贮存在地下。这构成了人类所有潜在可用淡水资源的 97% 左右。淡水湖和河流包含大概 10.5 万立方千米的淡水资源，约占全世界淡水资源的 0.3%。生态系统和人类可用淡水资源总量约为 20 万立方千米，这仅占所有淡水资源总量的 1%。

与此同时，在世界许多地方，对水的需求已经超过水资源所能负荷的程度。水短缺问题困扰着各个大洲，关乎到地球上约 40% 人口的生活。据联合国粮食及农业组织（FAO）报告显示，到 2025 年，18 亿人生活的国家或地区将出现绝对水短缺问题，

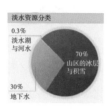

图 4-2　全球水资源分布现状

地球上三分之二的人可能会在用水短缺的条件下生存。据 2012 年《世界水资源开发报告》显示，即使面对这样严峻的资源形势，人类还是在以不可持续的速度过渡地消费着自然资源。大约要 3.5 个地球才能使全球人口达到现在欧洲和北美的平均生活水平。

　　食物与水是人的两大基本需求。水资源的管理涉及人类未来的方方面面，除去在能源、工业和环境可持续性这些方面之外，如何保障未来人人都有足量干净的饮用水，进而引申到保障最基本口粮等基本生存权上，是我们每一个人都不能回避的世纪难题。

石油与天然气

　　作为世界上最重要的能源之一，石油供给了人类当前所耗费能量的 40%，是当之无愧的第一能源。石油，是一种黏稠的、深褐色（有时有点绿色的）液体。地壳上层部分地区有石油储存。它由不同的碳氢化合物混合组成，其主要成分是烷烃，此外石油中还含硫、氧、氮、磷、钒等元素。不过，不同油田的石油成分可能有很大的区别。石油主要被用作燃料油和汽油，燃料油和汽油组成目前世界上最重要的一次性能源之一。石油也是许多化学工业产品如溶液、化肥、杀虫剂和塑料等的原料。今天，88％开采的石油被用作燃料，其余的12％作为化工业的原料。由于石油是一种不可再生能源，许多人担心石油用尽会给人类带来严重的后果。

石油在中东地区波斯湾一带的沙特阿拉伯、伊拉克、伊朗、科威特、阿联酋、卡塔尔有丰富的储藏，在俄罗斯、委内瑞拉、加拿大、利比亚、尼日利亚、美国、墨西哥、哈萨克、中国等地也有大量的储藏。

图 4-3　石油钻井机

石油的常用衡量单位"桶"是一个容量单位，即 42 美制加仑（约 160 升）。因为各地出产的石油的密度不尽相同，所以一桶石油的重量也不尽相同。一般地，一吨石油大约有 7.3 桶（约 1160 升）。

图 4-4　运载液化天然气的 LNG 船

　　天然气是一种主要由甲烷组成的气态化石燃料。它主要存在于油田以及天然气田，也有少量出于煤层。当非化石的有机物质经过厌氧腐烂时，会产生富含甲烷的气体，这种气体就被称作生物气体。生物气体的来源地包括森林和草地间的沼泽、垃圾填埋场、下水道中的淤泥、粪肥，由细菌的厌氧分解而产生。当甲烷（生物气体）溢散到大气层中时，它将是一种直接促使全球变暖愈演愈烈的温室气体。这种飘散的甲烷，经过有效的处理，就不会被视作一种污染物，而是一种有用的再生能源。然而，在大气中的甲烷一旦与臭氧发生氧化反应，就会变成二氧化碳和水，因此排放甲烷所导致的温室效应相对短暂。而且就燃烧而言，天然气比煤这类石炭纪燃料产生的二氧化碳少得多。

　　石油、天然气作为能源的传统权贵，既极大推动了我们文明的前进，又召唤出了气候变暖这个大怪兽。时代呼唤更加清洁高效的能源，也需要石油、天然气给我们站好它们的最后一班岗。

煤炭

　　在中国，煤炭在能源结构中占有至关重要的地位。因此，如

何科学采掘、使用煤炭就显得格外重要。直到今天，煤炭仍然是
驱动人类社会的主要能量。中国发展经济所需的能量，超过一半
来自煤炭。据测算，一个现代大型煤炭矿场，日产十万吨优质煤
所产生的能量，足够一个普通家庭使用超过一万年。

　　我国居民曾大规模使用的厨房热源——蜂窝煤，也是煤炭的
一种。随着国家对环保的渴求以及人民生活水平的提高，黑黝黝
的煤炭已基本退出了我们的厨房。煤炭，作为我国特有的一种高
资源禀赋能源，现在主要作为转换电力的原料。但由于聚集着这
个国家接近七成的人口和八成以上的经济活动，能源消耗极大的
中国东部和埋藏着大部分能源的西部，两地相隔数千千米，能源
跨区域输送是长期困扰我们国家的问题。在过去几十年间，中国
建立了包括大秦铁路在内的多条重载能源生命线来完成这种能源
的再配置。随着技术的发展，我们渐渐发现最为高效的方式之一

图 4-5　煤炭运输

就是在煤田周围建立大型发电厂，就近把煤炭转换为电能，再通过独步全球的特高压输电网络将能源输送到数千千米外的东部地区。这样既减少运输消耗，又有利于污染的集中治理。

图 4-6　火力发电厂

而要让这个输送系统变得更有效率，最好的方式就是尽一切可能提高输电电压。一条从中国西部准葛尔盆地出发，横跨沙漠、高山、峡谷等各种地貌，蜿蜒 3324 千米，到达东部人口最密集的上海地区的 110 万伏特高压输电线路，是目前世界上电压等级最高的输电线路，同时也是输送距离最长的线路。这条线路相当于在 3000 千米的距离上，每天输送 8 万吨煤炭的能量。这是人类历史上跨度最大的能源转移工程。中国人用了 8 年的时间建设了超过 3 万千米的高压线路，架构了世界上规模最大的能量转移系统。

新型能源

中国经济的高速发展，对能源的巨大需求将不断持续，完全依赖传统的化石能源将带来巨大的环境压力。中国人早就意识到，要尽可能增加清洁能源在能源结构中的比例。今天，这种努力已经初见成效。

可燃冰　很早以前，人们就发现在深海有一种类似冰块的物质，内部充盈的气体可以直接燃烧。随着研究的深入，我们发现这种物质是一种天然气水合物，为固体形态的水在晶格（水合物）中包含大量的甲烷，具有极高的燃烧价值，是地球上数量最大的化石能源。

随着深海工程技术的进步，人类从海洋获取资源的能力又向前迈进了一大步，为未来可燃冰的开采使用，打开了一道全新的大门。

但是，这种天然气水合物绝大部分都储存在深海海底，混杂在泥沙当中，迄今为止，人类还没有掌握成熟的开采技术。其中，维持长期可控是天然气水合物开采的核心难题。近期根据中国海洋石油公司的报道，中国的科研团队在这个关键环节取得了关键突破，在自研的蓝鲸一号海上平台上实现了海上连续开采 60 天的记录，一举打破之前从未超过 12 天的开采记录，为可燃冰的稳定开采和商业化提供了可能。未来，无论是谁，只要掌握了这种能源的开发技术，都将改变世界的能源格局。

图4-7　可燃冰矿物

　　页岩气　页岩气，顾名思义就是一种蕴藏于页岩层中的天然气。在过去的十年，页岩气掀起了一场能源领域的革命。以美国为首，在几年前国际石油价格高涨的大背景下，加大了页岩气的开发开采力度，从而使之成为美国一种日益重要的天然气资源，同时也得到了全世界其他国家的广泛关注。2000年，美国页岩气产量仅占天然气总量的1%；随着水力压裂、水平钻井等技术的发展，2010年，页岩气所占的比重已超过20%；根据美国能源信息署的预测，到2035年，美国46%的天然气供给将来自页岩气。

　　页岩气不仅大幅度增加了全球能源供给，也在很大程度上重新塑造着世界的能源供应格局。据现在公开的探测数据，中国的页岩气可采储量居世界首位，俄罗斯次之、美国紧跟其后。中国陆域页岩气地质资源潜力为134.42万亿立方米，可采资源潜力为 25.08 万亿立方米（不含青藏高原）。不过任意挖掘页岩气可能会破坏地层结构，导致地震的发生，这在地震多发的中国会是一个大难题。其中，已获工业气流或有页岩气发现的评价单元，面积约 88 万平方千米，地质资源为 93.01 万亿立方米，可采资源为 15.95 万亿立方米。

页岩气作为一种储量巨大的廉价化石能源，前景可观，但如何权衡好资源开采和在地环境保护及生态安全，是页岩气革命给我们提出的一道必须回答的问题。

太阳能　中国的西部小镇德令哈，水源缺乏，但其充足的日照是一个独到的优势。在这里，日光辐射量和日照时间都远远超过了全国平均水平。每天早上七点，阳光开始洒向戈壁，超过两万面镜子，将太阳光准确地反射到高塔顶端。太阳光的热量被塔顶的熔盐吸收，熔盐带着这些热量到达厂房，将水加热成水蒸气，推动发电机组发电。这种发电方式不需要消耗能源，也没有任何排放，是一个理想的太阳能的利用方式。

今天，中国太阳能发电装机容量超过了 7000 万千瓦，占全球的五分之一。越来越多的太阳能利用方式，将深刻改变中国清洁能源的供应格局。它的飞速发展，彰显了中国未来能源转型的巨大决心。

图 4-8　屋顶上的太阳能发电模块

　　风能　与太阳能一样，还有一种能源无处不在，它就是风。在中国，巨型风机已经成为最寻常不过的景观。空气流速越高，它的动能越大，用风车可以把风的动能转化为有用的风车机械能；而用风力发动机可以把风车的机械能转化为有用的电力，方法是透过传动轴，将转子（由以空气动力推动的扇叶组成）的旋转动力传送至发电机。2008 年全世界以风力产生的电力共约 2192 亿度，风力供应电力占当年全世界用电量的 1%，在 2014 年时全球风力发电量已增长到总用电量的 3%。风能虽然对大多数国家而言还不是主要的能源，但在 2000 年到 2015 年之间已经增长了 24 倍。

　　人类利用风能的历史可以追溯到公元前，例如帆船，但数千年来，风能技术发展缓慢，并没有引起人们足够的重视。但自 1973 年第一次石油危机以来，在常规能源告急和全球生态环境恶化的双重压力下，风能作为新能源的一部分才重新有了长足的发展。风能作为一种无污染和可再生的新能源有着巨大的发展潜力，特别是对沿海岛屿、交通不便的偏远山区、地广人稀的草原牧场，以及远离电网和近期内电网还难以达到的农村、边疆来说，作为解决生产和生活能源的一种可靠途径，风能有着十分重要的意义。

图 4-9　风力发电

　　核能　在中国，科技的进步为能源开发注入了强劲的动力。各种能源的利用水平纷纷进入了新的阶段。

图 4-10　核电站

　　核能发电，就是利用核反应发生时释放巨大的热能，将水变成高压水蒸气，推动发电机组运转产生电力。核电机组最核心的部件就是核反应堆，核反应堆可以释放大量能量。

　　进行裂变的铀正驱动着今天分布在世界各地的核电站运转，每克铀释放的能量是标准煤的 270 万倍，是目前人类能控制的能量最高的物质。但是，裂变反应堆也带来了许多危险，比如放射性核废料以及核反应堆熔断的严重风险。

　　2011 年 3 月，因海啸引发的日本福岛核电站四号机组熔断事故，导致了世界范围内关于核电的存废广泛而长久的争议。不得不承认，今天，人类对于核能的认知和掌握还不充分，我们仍然在探索核能利用的最佳方式。

　　太阳，人类绝大部分能源的来源。它产生能量的方式被称为核聚变。在人类目前的认知范围内，核聚变是未来最理想的核能利用方式。在这条道路上，中国科学家们已经找到了方向。2017年7月5日，一个由中国科学家发布的100秒的视频在全球核能领域里引起了巨大轰动。视频显示，中国首次实现了稳定50秒的核聚变反应，反应容器内温度达到了惊人的50000000℃。这个温度超出了地球所有物质的熔点，如何承装反应一直是核聚变领域里的一个重大难题。中国科学团队创造性地利用极低温使反应器环绕线圈进入超导状态，从而产生了地球上最强的人造磁场，然后利用这个磁场，将反应材料悬浮在空中进行核聚变反应。在核聚变领域里，我们中国人贡献着自己的智慧，掌握了一大批重点核心技术，这是中国人的骄傲，也是我们未来占据能源供应制高点的有力保证。

图 4-11　人造太阳 EAST

思考 **?**

1. 和家里长辈讨论一下：现在生活中使用的能源，跟以前比有那些变化？

2. 观察一下在你和周围人的生活习惯中，有哪些会造成能源的浪费？

3. 思考一下，当石油、煤炭资源枯竭，我们未来的生活将是个什么样子？

资源的可持续开发利用

小小的地球，各方面的资源都是有限的，同时近年对资源的攫取速度，更是要比以往的任何年代来得更加疯狂和快速。有限的资源，持续增长的人口，给 20 世纪的现代人提出了无数需要考虑的新课题，其中首要问题是如何合理开发利用我们有限的资源。

除了传统认知上的各种资源，例如水源、森林、矿产等，越来越多的人把目光投向了新兴的资源：太空资源、月球资源、海洋资源、生物资源以及核能资源。

太空资源

阳光资源　大家对太空资源的概念有些摸不着头脑，因为太空如此遥远，里面有什么样的资源，又有哪些资源是我们能够利用的呢？其实大家已经在不知不觉中享受着太空资源带来的生活。每天沐浴在阳光中的我们，是否知道阳光也是一种太空资源，地球作为在太阳系中环绕太阳的八颗行星之一，无时无刻不享受着太阳带给我们的光和热。

空间资源　地球的空间中，海洋占了绝大部分，在陆地上，除去一些人类难以适应的地区以外（北极和南极），适宜人口居住的地方，已经开始逐渐难以容忍日渐增长的人口，今后往太空的其他星球移民，是现今各个国家争相研究的一个前沿领域。除去太空移民，这么广阔的太空，人类早已发射了各种航天器。为什么要把航天器发送到外太空呢？太空的空间资源，相比与地球，有着许多得天独厚的优势，例如高度以及广阔的覆盖面。通信卫星相当于把地球的天线移动到了外太空，可以提供更广阔的覆盖面，更良好的传输质量，提高传输速度。在空间观察平台的遥感卫星，具有观测范围广、次数多、连续性好的特点，对气象预报以及各种陆地和海洋资源的开发，都能起到很大作用。

太空行星上的各种资源　太空行星上有各种矿产资源，例如白金族金属，有些小行星上还有水源。相比于阳光资源和空间资源，人类更加重视这些矿产资源。因为据推算，一颗富含白金族金属的小行星，含有的白金族金属，要比地球到目前为止的开采量还多。如果有方法可以从行星上开采这些贵金属，将会带来巨大的经济价值。同时一些行星中还会有水源。在太空行星中的水源，可以被送到各种卫星以及空间站上。这些水源可以为空间站提供饮用水等。以目前的技术，如果我们需要从地球上发送补给水源到这些卫星和空间站的话，花费的成本将是 1.6 万美元 / 升，而一颗直径 500 米含水丰富的小行星，其中富含的水的经济价值，将会达到 400 亿美元。当然，直接利用行星上的矿产资源抑或是水资源，现在在技术上还无法实现，但是考虑到技术的进步，地球资源的枯竭以及今后的可持续发展，这个课题，还将是我们今后探索的重点。

图 4-12　月球基地假想图

月球资源

　　月球，和我们息息相关的一颗卫星。在古代，人们就有许多关于月球的美好传说。现在，我们知道月球除了绕着地球公转，也有自己的自转，自转的周期是27.3天，绕着地球的公转周期大约是27.3天。自转和公转周期相同，再加上其他的因素，使得在地球上的我们，实际上只能看到月球的一面。

月球上富含各种资源，如铝、钛、铁等金属元素。同时氧元素在月球上也相当丰富。月球上没有空气，也没有液态水，怎么会有氧元素呢？其实月球上有大量由钛和氧元素组成的矿物质（钛铁矿），将其加热到1000℃左右，就可以把氧元素从钛铁矿中分离出来。

月球上的氦-3是更为珍贵的资源。这个元素被认为存在于月球表面的沙石中。而在地球上，却很少有这个元素的存在。氦-3产生于太阳的核融合反应中，通过太阳风，吹散到太阳系的各处。在地球上方有着厚厚的大气层，因此氦-3很难到达地球内部，而月球表面没有大气的存在，因此月球表面的沙石中含有许多氦-3。聊完了氦-3的来源，那么氦-3到底有什么样的作用呢？氦-3是核融合的原材料。核融合相比于核分裂，所产生的能量更大，同时放射能更加少。因为在地球中氦-3的数量非常稀缺，据说每千克的氦-3售价约1000万美元。而这些庞大的资源，安静地躺在月球表面的沙石中。

对月球资源的开采，我国也已经走在了世界前列，嫦娥计划一共分为3个阶段：首先是发射绕月卫星，继而是发射无人探测装置，实现月面软着陆探测，最后运输机器人上月球建立观测点，并且采取样本返回地球。

除了相关的矿物资源，月球作为人类探索宇宙的一环，很可能会是今后太空基地建设的首选地址。有一天或许我们能够像电影中常看到的场景一样，自己踏上月球这个神秘又亲近的邻居。

海洋资源

浩瀚的海洋，也蕴含着丰富的自然资源。进入 20 世纪后，陆地上的资源以越来越快的速度被攫取，人们便把目光投向了湛蓝的海洋。一部分海洋资源已经被人类开发，而一部分新兴的海洋资源，还静待人类技术的进步。

按照分类方法的不同，可以将海洋资源进行分类，譬如按照资源有无生命来分类，可以将海洋资源分为生物资源和非生物资源；按照资源能否恢复来分类，可以分为再生资源和非再生资源；按照资源的属性分类，可以分为生物资源、能源资源、空间资源和化学资源。这里暂且将海洋资源按照如下的资源进行分类并介绍：海洋石油资源、海水资源、海洋药物资源、海洋中的天然气资源以及海洋矿产资源。

海洋的石油资源　石油资源是所有国家瞩目的焦点。中国既是一个产油大国，也是一个耗油大国。2009 年，中国是仅次于俄罗斯、沙特阿拉伯、美国的全球第四大原油生产国，但是 2009 年中国的石油产量才 1.89 亿吨，不足中国国内的需求的一半。中国本土只生产了 48％的原油，其他都来源于海外。而放眼世界，除了陆上尚有潜力的中东、中亚地区的油田外，在过去的 30 年东西半球发现的两个重大油田均来自于海洋，海洋石油资源将是未来石油增长的重要来源，全球 50％以上的油气产量和储量将来自海洋。陆上大型油田的发现日益减少，而新发现的深海油气田的平均储量规模达到 1.6 亿桶，是陆地上的 8 倍。海洋是未来发现大型油田可能性最大的区域。

图 4-13　海上钻井平台

海水资源　海水的含盐量很高，如何作为资源来使用呢？其实海水作为资源，主要通过如下三个方面来使用。

海水淡化是开发新水源，解决中国沿海区域淡水资源紧缺的重要途径。随着海水淡化技术的不断更新，对海水的直接利用，可以从工业领域扩大至农业领域，保障用水量。

海水直接利用技术。这个技术是考虑让海水在一部分领域直接代替淡水，在工业和生活中得到使用。包括海水回注采油、海水冲厕、海水冲灰、洗涤、消防等。

海水化学资源主要包括海水制盐，提取钾、镁、硝、溴等元素，并对其进行深加工。

海洋矿产　海洋矿产主要成分为砂矿，大部分是来自陆地上的岩石矿物质的碎屑，经河流海水搬运至大海，最后在海滨或者大陆架的最适宜地段富集乘积。其次是海底自生矿产，如磷灰石、海绿石、重晶石等。最后是海底固结岩中的矿产，特别是深海锰结核，被称为仅次于海洋石油的矿产资源，因为锰结核中包含多种战略物资，是今后国际竞争的焦点之一。

图4-14　深海锰结核

生物资源

生物资源是大家最容易理解也是最难理解的一项资源，大体分为基因、物种以及生态系统这三个层次。

基因　基因是各种生物与生俱来的一项资源，以我们人类来说，基因决定了我们的发色、肤色、身高、血型等各项外在和内在的特性，看似稀松平常，却是决定我们基本特性的一项最重要的资源。从古至今，无数的物种出现了又消亡了，各个物种的基因当然也经历着各种遗传和变异。在达尔文提出的进化论中，也秉承着优胜劣汰的生物发展规律。基因也从远古到现在，一直在

216

不停地进化。基因并不是一朝一夕就能够产生的资源，而是经历漫长岁月才进化成现在的样子，因此对人类来说这是大自然给我们的最宝贵资源。

随着科技的不断进步，人们开始尝试分析和测试人类基因。甚至，我们已经可以复制并且克隆一些与人类疾病有关的基因，为能够更加精确地治疗目标人群，延长人口的平均寿命而努力。同时，人们也在尝试研究各种动物和植物的基因信息，以便开发对环境适应能力更强，更加健康经济的植物。

当然对基因的研究也伴随着一定的风险。通过探测基因并且制造基因而制作出的新物种，会对环境产生何种影响还是一个很大的未知数，因此各个国家对基因的研究成果相互沟通、互利互惠、人人有份、人人有责，将是一件意义重大的事情。

物种 物种资源细分为动物资源、植物资源和微生物资源。目前已经鉴定的生物物种大约在 200 万种，据估计自然界中生活的物种大约在 2000 万 ～ 5000 万种。地球大家庭就是由形形色色的生物成员组成，而我们人类，既是生物资源，也充分享受着生物资源带给我们的美好生活，衣食住行的各个方面都是由各种动植物以及其他资源提供。生物资源在制药等工业领域中也有广泛的应用。各种物种之间相互协调、相互制约也给了我们一个平衡的生态环境。

但是，随着人类科技的发展，生态平衡的天平逐渐倾斜，特别是近 400 年来，人类剧烈的活动对大自然中的其他资源的影响越来越大。据估计，全球每 4 个小时就有一个物种灭绝，这种大规模物种灭绝的数量，不亚于过去数百万年所发生的生物物种灭绝的总和。因此将来，如何控制生物资源的灭绝速度，合理地利用和保护物种资源，将是摆在每个人面前的一个重要课题。

　　生态系统　每一样生物都生活在一个小的生态系统中，地球上所有的生物，都生活在地球这个大的生态系统中，生态系统对我们的影响自然不言而喻。如果生态系统遭到破坏，各种动物、植物、微生物会因为失去赖以生存的家园而濒临毁灭。因此把生态系统看成一种宝贵的自然资源，其实也未尝不可。这种资源只能维持，不能过度攫取，否则即便是现在统治地球的人类，也将会慢慢失去自己赖以生存的生态系统。因此对生态系统的保护，也需要小到个人，大到国家层面的注意，并付诸于行动。

图 4-15　珊瑚礁　　　　　图 4-16　热带雨林

核能利用

　　核能的定义是利用可以控制的核反应来获取能量，然后产生动力、热量和电能。原子核释放的能量，符合爱因斯坦提出的质能方程。

释放核能分为三种形式：核裂变、核聚变、核衰变。核裂变是较重的原子核分裂释放结合能。核聚变是较轻的原子核聚合在一起释放结合能。核衰变是原子核自发衰变过程中释放能量。

将核能转化为其他能量的场所被称为反应堆，以核能转化为电能为例。在反应堆中，核能被转化为热能，热能将水变为蒸汽，推动气轮发电机组发电。

大约当今世界电能总量的16％是由核反应堆生成，其中有9个国家的40％左右的电能是由核能转化。提到核能就不得不提到国际原子能机构，它是隶属于联合国大家庭的一个国际机构，对和平利用、开发核能的活动积极加以扶持，并且为核安全和环保确立了相应的国际标准。

核能优点　首先是资源丰富，核资源广泛分布于地球上。代表性的核燃料有铀、钍、氘、锂、硼等。在当今人口激增，能源紧张的大环境中，核能作为一项清洁、高效率发电的新型能源，也是一种缓解世界能源危机的代替材料，很早就被大家瞩目。核能最明显的优点是体积小、能量大。以一组数据为例：1000克的核能原料铀所释放的能量，等同于2700吨标准煤所释放的能量。相比于煤炭等传统能源，核能的发电成本非常低廉。而且由于用到的核原料较少，所以核原料的运输成本很低，但是核电站的投资费用却要比传统的火电站要贵1～2倍。虽然投资核电站成本较高，但是考虑到运输原料费用的低廉，运行成本也要比火电站便宜。同时，如果掌握了核聚变反应技术，使用海水作为原料，也能有效利用海水资源。最后，核电站的污染要比使用煤炭的传统火电厂少很多。传统火电厂在运行时，不停地向大气排出二氧化硫和氮氧化物等污染物，同时煤里的少量铀、钛和镭等放射性物质，也会随着烟尘飘落到火电厂的周围，污染环境。而核电站设置了层层屏障，基本上不排放污染环境的物质，就是放射性污染也比烧煤的火电厂少得多。最后需要注意的是，核能是不可再生能源，但是核能是清洁能源。

核能缺点 既然核能的优点如此之多，那么为什么各个国家没有大规模开发核能，并且以美国为首的一部分国家反而把核电站的项目暂时冻结或者延期了呢？原因很简单，核能虽然是清洁能源，有着上面罗列的各项优点，但是一旦核电站出现问题，那

链接

切尔诺贝利核电站泄漏

切尔诺贝利核电站泄漏问题发生后，核电站周围的城镇一夜之间变为"鬼城"，到现在乌克兰和白俄罗斯的一部分土地中，还存留有放射性物质。而在切尔诺贝利核电站附近，到现在仍有规划疏散区，禁止居民进入。2011年的日本大地震，福岛核电站出现泄漏问题，以及后来运营福岛核电站的东京电力公司的相关对应措施，相信是进入20世纪后，人们对核能风险的最新的认识。鉴于上述核电站一旦发生问题后引起的不可逆转的伤害，各个国家对核能的态度从当初的积极开发变为保守而小心。

会给周围的环境、生活的居民，带来灭顶之灾。

了解了各种各样的新兴资源，会发现这是一个机遇和挑战并存的时代，我们面临许多环境和资源的问题，也被许多技术上的挑战所困扰，有些看起来在短时间还无法解决，有些看起来离我们非常遥远。

但是随着技术的突飞猛进，相信在不远的将来，我们对新兴资源的利用，会达到一个新的高度！

1. 大家认为这五个资源中哪一个是比较容易被开发利用的？

2. 如何正确看待和利用核能开发。

3. 如果未来的你作为一个宇宙资源开发相关工作人员，对于宇宙的开发利用，你有什么想法？

<h1 style="text-align:center">人地和谐、守护家园</h1>

环境恶化

每个人只要生活就会消耗资源，同时向环境中排出废弃物。一旦排放废弃物的速度超过了环境的自净能力，环境就会不可遏制地恶化下去。

大气污染就是一个最常见的例子。近年来一个新流行起来的词汇——PM2.5，就是空气污染的一个指标。PM2.5 即细颗粒物，指的是空气中含有的直径小于等于 2.5 微米（一米的百万分之一）的颗粒污染物，比起大颗粒污染物对人类危害要大得多。PM2.5 比尘土还要细得多，在空气中停留时间长，容易随风迁移较远的距离，并且在呼吸过程中能够进入到人的支气管和肺部较深的位置，所以是危害非常大的污染物。

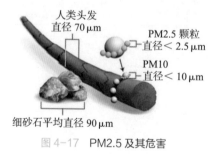

图 4-17　PM2.5 及其危害

造成空气污染的罪魁祸首，是工业生产和生活燃烧排放的废气。在工业生产过程中产生的含硫、氮或是有机化合物等的废气、烟尘，还有火力发电厂和北方居民冬季取暖燃烧煤炭产生的废气、烟尘排放到空气中，如果遇上无风、空气流通不强的时候，污染物就积累在空气中危害人类的健康。

另外一个能够直接危害人类健康的污染形式是水污染。水是生命之源！水作为极好的溶剂，承载了维持生命活动的各种生物和化学反应。然而水的这一特性也决定了它非常容易被污染，因为不仅我们生命所需的物质容易溶解在水里，一些我们不需要甚至对我们有害的污染物也同样容易溶解在水里。如果污染物随着水被我们喝下去，那么有害物质很容易就进入体内环境，危害我们的健康。

水污染基本完全是由人类活动造成的。依照污染物来源，可以将水污染分为工业污染、农业污染和生活污染。其中工业污水是最主要、最严重的污染源。未经处理的工业污水中含有工业制造产出的各种有害物质，毒性大，难处理。历史上不断重演这样的灾难：因为暴雨、生产事故等一些自然或人为造成的灾害，未经处理的污水溢出污水处理池泄露到环境中，给环境造成了极大的破坏，最直接的是周边居民的饮用水遭到污染。如果污水被用来灌溉农田，有毒物质会随污水渗入土壤，给土壤中的生物造成难以恢复的损害。部分有毒物质还会富集到农作物中，最终被人吃进体内，进一步给人类造成伤害。

江河湖中的水最终会汇集到海洋里去。如果江河湖水遭到污染，那么海洋污染几乎是无法避免的事情。一些难以降解的污染物如重金属会渐渐富集在食物链的顶端，而身为杂食动物的人类在食物链顶端占据相当的地位，因此一旦海洋污染，沿海的人类就首当其冲受到危害。

图 4-18　放射性污染物泄漏之后全太平洋的污染程度（从左至右分别为泄露后的第 43、367、1412 天）

除去看得见的大气和水体污染，环境恶化还体现在方方面面。例如，不断增加的对于食物的需求迫使人们试图让同样的耕地上生产出更多的食物来，于是使用方便见效快的农药和化肥就成了人们的首选。然而农药和化肥不但会污染水体，更会使土壤的性质改变，如果不加控制地滥用只会导致土壤恶化，这无异于杀鸡取卵。

当然人类也一直在为保护环境而努力着，并取得了一定的成效。几十年前，人们发现冰箱制冷剂氟利昂会使得地球大气层中的臭氧层形成空洞，于是逐渐停止了氟利昂的使用。而现在，臭氧层空洞正在渐渐缩小，成为为数不多的人类在保护环境方面取得的成效。

海平面上升

全球变暖给地球带来的影响：两极冰川融化与海平面上升。

暂时不考虑海水温度变化等其他方面，单是海平面上升带来的最直接影响，就是陆地面积的减小和岛屿的消失。有文章提出，如果海平面保持现在的上升速度，马尔代夫将会在 2100 年完全沉入海面。一项发表在《环境与都市化》杂志 2007 年 4 月刊上的研究显示，全球有 6.34 亿人口生活在海平面到其以上 9.1 米的范围内。世界上人口超过 500 万的城市有近三分之二地处低海拔的沿海地区。如果未来海平面上升，大量人口会被迫迁移，威尼斯、伦敦、纽约、上海这样的城市将消失在陆地上。文章还提到，在中国，人口有向着沿海地区迁移的趋势。如果低海拔地区的城市真的因为海平面上升而消失，中国受到的影响将是巨大的。

而那些海拔稍高，仿佛在海平面上升之后也依然能保持一席之地的区域，也不能幸免于海平面上升带来的危害。当海平面上升，原来的内陆地区变成"沿海"，其土壤和地下水必定会受到来自海洋的压力，而被海水倒灌入侵，最终导致沿海耕地盐碱化、地下水无法使用。

海洋里多出来的水是因为全球变暖，南北极的冰川融化而流入海洋的。而冰川融化给南北两极造成的危害，绝不是少了一点冰这么简单。我们都知道，南极洲是陆地上覆盖了厚厚的冰层，而北冰洋干脆就是冰原。在北极，冰原就是北极动物赖以生存的土地。冰原的减少直接导致了它们活动范围的减小，使它们的生存繁殖受到威胁。

图 4-19　孱弱的雌性北极熊拖着受伤的腿穿过冰盖

物种灭绝速率加快

历史上的五次大灭绝，冰川期、小行星碰撞等原因不一而足。然而最近看似和平宜居的地球上，科学家却发现了一个惊人的事情：地球上的物种正在经历第六次大灭绝，而引起这次灭绝的罪魁祸首竟然是人类。

有科学研究表明，在 20 世纪内灭绝的生物，相当于过去 800 ～ 10000 年中灭绝的生物种数。同时，除了物种灭绝之外，尚未灭绝的许多物种也正在经受着种群数量和分布地域的规模减小。在一项涵盖了脊椎动物一半物种的调查中，科学家发现有 32% 的物种规模正在减小；另一项包括 177 个哺乳动物物种的调查中，从 1990 到 2015 年，所有的物种都失去了 30% 以上的地理分布，并有 40% 以上的物种的种群数量缩水 80% 以上。因此科学家强烈呼吁社会引起重视，第六次生物大灭绝正在进行当中。

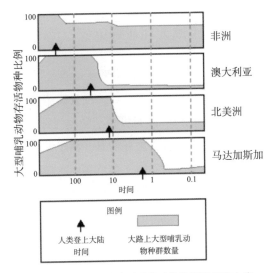

图 4-20 各大陆上的大型哺乳动物物种数量在人类
登上大陆后急剧下降

图 4-20 中黑色箭头代表人类登上大陆的时间，绿色代表哺乳
动物物种数量的百分比。我们可以直观地看到，在研究中涉及的
每一片大陆，人类活动的展开都令当地大型哺乳动物急剧减少。

影响物种数量的人类活动不只是狩猎。扩张的人口数量对食
物的需求量和对居住空间的要求都大大增加，许多被自然植被覆
盖的山林草原被开垦变成农用耕地或是建筑用地。地球上越来越
多的面积被人类侵占，留给其他生物的生存空间则越来越狭窄，
有许多动物植物随着生存环境的消失而走向灭亡。

除此之外，人类活动造成的物种入侵也是物种生存受到威胁
的原因之一。在自然状态下，由于海洋造成的隔离，不同大陆之
间的物种不能随意迁徙，而人类的活动打破了这一种隔离，经常

澳大利亚野兔

　　一个非常著名的物种入侵的案例就是澳大利亚的野兔。1859 年，一位名叫托马斯·奥斯汀的酷爱打猎的英格兰农场主来到了澳大利亚，将 24 只野兔子释放到野外，为其打猎活动提供猎物。然而意料之外的是，由于澳大利亚缺少捕食兔子的大型食肉动物，而又多草场、土壤疏松适合打洞做窝，兔子以极快的速度繁殖起来，迅速侵占了当地小袋鼠、袋狸等小型食草动物的生活空间和食物来源。兔子的侵占给当地的农业带来的损失大约有 2 亿美元 / 年。

会将一些原本没有的物种携带进入某个环境。如果环境非常适宜这个物种生长，而环境内有没有它的天敌，那么这个物种就会进入到无节制的增殖当中，打破环境中原有的平衡，给环境中原本存在的一些物种造成极大的威胁。

图 4-21　澳大利亚的野兔

在改造地球生活环境的同时，人类也没有停歇探索地外宜居行星的脚步，然而局限于人类目前的技术，尚没有地球之外的宜居行星被发现，制造大规模空间站更是科幻小说里才会出现的情节。所以，至少在现在，人类没有其他的选择，只能守护我们现在的生活环境。

因为只有一个地球，人类当然不能无节制、无计划地改变地球，我们必须学会节约资源、保护自然，坚持可持续发展。丁仲礼院士曾经说："这不是人类拯救地球的问题，是人类拯救自己的问题。"

作为享受着人类发达科技的一代人，对于那些为了人类发展而牺牲掉的环境资源，将其尽可能地保护与恢复是我们的责任。正在看书的你，就是人类的希望。

1. 跟你的长辈讨论一下，你所接触到的自然环境，跟以前比有哪些变化？

2. 观察一下你的生活和周围人的生活、生产，有哪些活动会对环境造成额外的负担？

3. 你将来想从事什么职业？这个职业能够如何造福人类与地球上其他生命？

星际移民，开疆拓土

地球会灭亡吗

我们知道，地球面对着严重污染、全球变暖、物种灭绝等问题。那么地球会因为这些环境问题而走向灭亡吗？

地球的环境有其极限，而人类已经在透支这个极限。2012 年，由美国环保组织"全球生态足迹网络"（GFN）和英国智库"新经济基金会"提出了一个"地球超载日"的概念。这个概念表示每年人类对资源的消耗量超过了当年地球的生物承载力的日期。简而言之，每年的地球超载日之后，人类都在透支地球的环境承载力，就是地球每年进入"生态赤字"的时期。根据已有的数据推算，早在 20 世纪 70 年代，地球就已经有了生态超载的现象，如今这个日子更是已经提前了 150 多天！根据 2012 年《地球生命力报告》显示，人类每年消耗着 1.5 倍极限的生态资源，而这个数字在 2050 年前将会达到 2 倍。人类对资源的消耗早已过度，并且愈发严重。

那么回到最初的问题，地球会灭亡吗？答案其实是否定的。地球不会因环境恶劣而突然爆炸或者所有生命全部死亡，这颗星球拥有着强大的恢复能力，生命有着坚韧的生存能力。最好的例子就是在 1986 年因核电站事故被核辐射污染过的切尔诺贝利地区。这片本已满目凋零的区域，随着大多数人类远离和以及人类活动的停止，现在的切尔诺贝利区域内狼、野牛、骆驼、野猪等大型动物数量激增，成为了野生动物的天堂。在地球的演化史上，动物也好，植物也好，经历过更加残酷的环境，总有生命的火种在延续。

图4-22　野猪繁殖能力极强

如果地球真的灭亡，那天可能就是太阳"燃尽"的日子。再过50亿年，太阳中大部分氢元素会聚合形成氦元素。随着氢元素的反应完毕，氦元素会发生聚合而产生巨大的能量，使得太阳发生剧烈的爆炸，从而直径扩大100多倍，变成一颗红巨星。而此时地球也会因为离这个红色的火球太近而接受过多的热量，导致地表过于炎热，甚至将海洋蒸发变为水蒸气，使一切生命都将难以生存。这就是可预见的地球灭亡的景象。

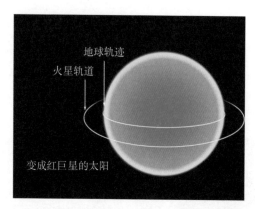

图 4-23　变成红巨星的太阳与地球和火星轨道

　　无论是地球环境被严重破坏还是太阳变为红巨星，我们需要考虑的是，如何在这或早或晚的灭亡来临之前，找出解决的方法。说到这里，相信大家也都想到了，人类想要继续生存，人类文明想要继续延续，就必须鼓起勇气，向遥远又未知的地方进发，而这个地方便是浩瀚无垠的宇宙。

地球与火星

　　火星，这颗行星一直以来都是人们心中星际旅行的首选。人类希望在火星上建立永久居住地，成为迈向更广阔宇宙的第一步。这是因为火星目前被认为是太阳系内除地球外最适宜人类居住的行星，所以火星一直是科学研究的焦点和大众关注的热点，对于火星的任何发现都能让很多人激动。火星似乎寄存了人们发现地外生命的希望和星际移民的期待。

图 4-24　火星

　　从天文学的角度看，地球与火星分别为离太阳最近的第三和第四颗行星，都是以硅酸盐岩石为主要成分的类地行星。火星的直径大约仅为地球的一半，距离太阳的平均距离是地球距离太阳的平均距离的 1.52 倍。

　　太阳系的行星围绕太阳运行一周的时间叫做公转周期，行星自身旋转一周的时间叫做自转周期，而自转轴与公转平面的夹角就被称为自转轴倾角。火星的公转周期是地球一年长度的 1.88 倍，约等于地球上的 687 天。火星自转周期平均为 24 小时 39 分左右，大约是 1.027 个地球日，这一点大致与地球相同。火星的自转轴倾角在 13° 和 40° 间变化，地球自转轴倾角在 22.1° 到 24.5° 之间变化。地球的自转轴倾角稳定是因为有着月球这样的大卫星而产生引力，从而维持倾角稳定的效果。虽然火星有两颗形状不规则的天然卫星：火卫一和火卫二，但这两颗卫星太小不足以达到那样的效果。与地球相比，火星的运转并不那么稳定。

火星有怎样的环境呢？火星的地形和地球一样，也有高山、平原和峡谷，在南北极有干冰与冰组成的极冠，并且有着很多火山，其中就包括已知的太阳系最高山——奥林帕斯山。奥林帕斯山不是很陡峭但十分巨大，有着夏威夷岛的宽度和两倍于珠穆朗玛峰的高度。如果这个庞然大物喷发，其产生巨大的影响在地球上都将能够被观测到。不过目前尚未观测到火星有任何火山活动，因为火星的上一次火山频繁活动时期，已经是35亿年前了。

火星除去白色的极冠，在太空中看上去，主要为红褐色。这是因为火星表面土壤富含氧化铁。这些红色的铁氧化物是因为含铁的岩石与火星大气中的过氧化物发生反应而产生的。土壤中的硫的含量极高而植物生长需要的钾的含量仅仅为地球含量五分之一。即便如此，在科幻电影《火星救援》中，就利用人体排泄物在火星上使用火星土壤种植农作物的想法。近年来，科学家也对火星土壤种植的可能性进行了很多探索和尝试。荷兰的科学家就通过不断地实验成功利用模拟火星土壤种植出了包括萝卜、豌豆、西红柿等可安全食用的蔬菜。利用

图4-25　科学家模拟在火星和月球土壤中种植植物

火星土壤种植农作物，并不那么遥不可及。

不同于地球大气的主要成分是氮气与氧气，火星大气高达95％的成分是二氧化碳。高浓度的二氧化碳不仅人类无法直接呼吸，甚至会让地球上很多植物都发生中毒症状，无法生存。并且火星大气十分稀薄，仅仅只有地球表面的 0.6％。稀薄的大气使得火星保存太阳光的热量的能力很低，导致昼夜温差十分极端。某些地区白天最高的温度为 28℃，夜晚温度就降至零下 132℃，地表平均温度大约也只有零下 55℃。

昼夜变化尚且如此，火星的四季变化更不用说。火星的四季主要体现在南北两个半球的冬夏交替，火星的运行方式导致每个季节长度与强度上有着很大差异。火星在近日点时，运转速度较快。这时北半球的冬天温暖，而南半球的夏天更热，但都相对短暂。而火星在远日点时，运转速度较慢。这时北半球的夏天较凉，而南半球的冬天更冷，但都相对漫长。南半球的夏天和冬天时间都很漫长，这也导致了一年中极端的炎热与寒冷转换。与其相比，北半球的温度变化就相对缓和，因此也有人提出火星的北半球更加适合建立人类移民的基地这样的看法。

然而火星的气候变化，会导致一种恐怖的天气现象——尘暴。根据 20 世纪 50 年代的数据统计，火星上每三个火星年就会产生一次巨大的尘暴。主要成因目前无法完全定论，一般认为是火星运转到近日点时，接受到强大的太阳辐射，使得温度急剧上升。而其他温度较低的地方大气急速涌向温度升高区域而带起沙尘，形成强劲的尘暴。依靠着火星百倍于地球的风速，尘暴几乎可以横扫火星的每个角落。

与此同时，火星天气也有着重复性高的特点。如果某天身为火星移民志愿者的你在奥林帕斯山下看到了尘暴袭来，那么三个火星年后的同一时间，很有可能在同一位置再发生一次，误差也可能只在一星期以内。

火星上还有着低重力、小磁场等特点，这些都让火星变得与地球不那么相似，也成为了建立火星基地不得不克服的问题。我们对这颗星球还有很多未知与不解，随着人们不断的探索，肯定会更加了解这颗兄弟星球的规律，更接近建立火星基地、进行星际移民的梦想。

寻找火星生命

对于这颗寄托着人类无限幻想的星球，人们最大的希望就是在火星上面发现生命，或者至少找寻到生命存在的证据。人类对火星的研究早已有之，在 17 世纪，人们就开始用望远镜对火星进行观测，直到 20 世纪 60 年代，人类才开始使用探测器来探测这个未知的世界。截至目前已有超过 30 台探测器抵达火星，虽然只有三分之一的探测器顺利完成了它们的任务，但这为地球上的我们传来了大量数据，让我们通过照片等方式逐渐揭开这颗神秘星球的面纱，也激发了人们火星生命的幻想。

火星上有一个神秘的区域，叫做塞东尼亚区。这里本是个有很多小丘陵的无人问津之处，但因为 1976 年 7 月 25 日海盗 1 号传回的照片，引起了全球性的巨大轰动。因为在其传回的照片上，发现了一张巨大的"人脸"山丘。而就在这张脸附近，又发现了很像金字塔的结构。这些发现引起了全球超自然爱好者惊呼——这就是火星人存在的证明。富有想象力的人们更是对附近的地形都进行了特别的解释。随着人们的幻想越来越多，人们的疑问与好奇也随之增加，究竟火星原来是否有生命甚至文明存在呢？如果有，是不是和古埃及文明是同源的呢？它们现在还存在吗？

2000年，美国科学家在南极洲发现了一块火星陨石，从这块陨石上发现了类似微体化石的结构，被人们认为是火星生命存在过的证明。但也有反对者认为这只是特殊形状的矿物结晶，没有生命产生的条件。人们对火星生命产生的条件陷入很长时间的讨论。

2012年4月，德国航空太空中心的火星模拟实验室进行了一项激动人心的实验。在模拟火星环境下的苔藓和蓝藻有着强大的生存和适应能力。而火星中大气中存在的微量甲烷也作为火星生命存在的证据。因为在地球的40亿年历史中，最初的20亿年充

图4-26　德国实验室中模拟火星条件下生存的苔藓

斥着制造甲烷的微生物。这又让更多人相信火星有存在初级生命体的可能。

有些人甚至觉得在未来，我们人类才是火星上的第一批访客，并为此制订计划。2003年，在美国召开的"移民火星研究国际会议"上，参加会议的人们提出了一个大胆的想法——火星地球化。顾名思义，就是将火星改造成一个地球化的星球，成为人类第二家园。虽然目前火星的生存条件很恶劣，科学家们通过计算模拟火星表面的生存环境，提出一系列改造火星的方法，希望可以实施并改造火星。具体来说，首先，增加大气中温室气体以及适合生物生存的气体，以增加地表温度和气压。其次，大气层的形成会导致温度上升，极冠和地下冻土会融化，从而建立水循环。最后，为火星引进各种植物，逐渐改善火星生态环境。甚至有人提出建立行星推进引擎，改变火星运行轨道等天马行空的想法。这些想法有的现在已经有能力实现，有的还只是设想，但每个想法的实现要花费的人力物力是巨大的，改造火星耗时也是十分长的。

面对火星是否有生命这一疑问，也许只有我们真的前往火星才能得到解答。相信不久的将来，人类的足迹一定会征服这块土地。

星际旅行

地球的环境如果真的恶化到无法恢复的时候，也许人类将不得不向探测到的宜居星球进行一场星际旅行。那时，需要装载着人类全部希望的飞船，能够飞向未知的领域，传递人类生存的火种。

　　为了实现这样的愿望，首先要进行的是宜居星球的探测。科学家们通过对不同的恒星的大小与寿命、行星的大小与位置等因素的考量之后，才能确定一颗星球是否适合人类居住。对于宇宙中的宜居星球，常常被认为只存在于环绕在恒星周围，温度恰好使得液态水得以存在的狭窄区域中。而目前也发现了多个这样的宜居星球，其中吸引最多眼球的就是 2015 年 7 月 23 日公布的行星——开普勒—452b。

图 4-27　地球与开普勒—452b 假想对比图

　　开普勒—452b 的公转周期大约为 385 天，体积是地球的 5 倍，地表重力是地球的 2 倍。虽然目前尚没有探测开普勒—452b 上是否有生命的办法，但人类已经通过观测数据以及计算，将这颗星球纳入宜居星球的候选名单之列，并幻想那个星球是否也有文明，是否有另一群生命体也可能发现了我们。

　　在找到宜居星球之后，人类必须解决的第二个难题就是前往这些星球的方法。因为宇宙十分辽阔，在星际之间旅行需要花费难以想象的时间。开普勒—452b 这颗行星距离太阳系 1400 光年，即便是人类拥有光速飞行的技术，也要花 1400 年才能到达，然而目前人类探测器的速度还远低于光速。星际航行需要找到更合理的方法。

人们目前的想法是竭力提升速度，比如通过开发核聚变火箭、反物质推进器、太阳帆等加速方式，甚至提出了超光速、时空跳跃、虫洞穿越等概念，希望减少星际旅行需要的时间。但如果速度达到了极限，仍然可能有需要难以想象的时间的情况发生。于是人们又提出了种种设想，使用冬眠技术让人类在飞船上暂时停止生命活动，将本体带到下一个星球；建立一艘可以世代生存繁衍生息的飞船，希望后代能到达下一个星球；使用冷冻胚胎，将生命的种子带到移居的下一个星球……

为了使星际旅行不只在科幻作品中出现，人类设立了很多计划来实现这个目标，其中就包括 2012 年 1 月启动的"百年星舰"计划。该计划目标是使得人类在 100 年后能够实现恒星际旅行。计划的第一个目标就是前往火星或者火星的两个卫星，预计在 2030 年将承载着人类对星际旅行的梦想与期待的四名宇航员送往火星，届时宇宙旅行将不是梦想。

未来愿景

人类究竟何去何从？在宇宙中地球人类究竟是不是孤独的？人类能到达的最远的地方究竟是哪里？我们不妨畅想一下。

100 年后，人类已经在火星建立起基地，开始了在另一颗星球的生活的体验；一千年后，人类的足迹已经踏遍整个整个太阳系，开始成为真正的太阳系的冒险者；一万年后，人类已经踏上前往其他宜居星球的旅程，尝试与其他文明交流；百万年后，人类可以在银河系中遨游，前往其他更加神秘又未知的世界。

一切实现这些美好梦想的前提，就是我们能够与地球好好相处。在宇宙中有无数颗行星，这一颗星球显得如此与众不同。这颗星球是如此美丽，覆盖着蔚蓝的大海与洁白的云层；这颗星球是如此富饶，承载了这么多生灵在此繁衍进化；这颗星球是如此的强大，尽力保护着生命不受宇宙威胁的伤害。除此之外，地球还是星际旅行的起点，也是人类文明的发源地。我们这个种族必须争取在利用地球资源制造出星际飞船前不灭亡。

对于未来人们有太多美好又新奇的设想，也许很多人希望能够在未来遨游星海，走遍宇宙。但目前我们必须要做的就是好好

图 4-28　浩瀚的宇宙正等待我们出发

呵护这颗伟大的星球。

宇宙有无限的可能，每个未曾到过的星球，都可能有它的特殊与神奇。人类也有无限可能，在历史长河中我们看到了很多奇迹与辉煌。地球有限，而宇宙无限，人心亦无限。每个人，包括正在捧着书本的你，都将是人类实现无限可能的道路上，不可或缺的组成。希望在地球的见证下，人类能够创立一个腾飞的未来。

 思考

1. 和你的小伙伴讨论一下，如果人类接触外星人究竟是好事还是坏事？

2. 观察一下星空，如果前往宜居星球，你希望带上的最重要的三项东西是什么？

3. 在你长大后如果挑选一批志愿者前往火星，你会参加吗？那时的你可以在这个团队中发挥什么样的作用？